简明食品微生物学

◎吴文礼　主编

U0349244

中国农业科学技术出版社

图书在版编目（CIP）数据

简明食品微生物学／吴文礼主编．—北京：中国农业科学技术出版社，
2021.6（2022.7重印）

ISBN 978-7-5116-5153-2

Ⅰ.①简… Ⅱ.①吴… Ⅲ.①食品微生物-微生物学 Ⅳ.①TS201.3

中国版本图书馆 CIP 数据核字（2021）第 019137 号

责任编辑	金　迪　张诗瑶
责任校对	贾海霞
责任印制	姜义伟　王思文

出 版 者	中国农业科学技术出版社
	北京市中关村南大街 12 号　邮编：100081
电　　话	（010）82109705（出版中心）　（010）82109702（发行部）
	（010）82109709（读者服务部）
传　　真	（010）82109698
网　　址	http://www.castp.cn
经 销 者	各地新华书店
印 刷 者	北京建宏印刷有限公司
开　　本	170mm×240mm　1/16
印　　张	14.75
字　　数	273 千字
版　　次	2021 年 6 月第 1 版　2022 年 7 月第 2 次印刷
定　　价	42.00 元

《简明食品微生物学》
编 者 名 单

主　编：吴文礼（福建农林大学）

副主编：倪　辉（集美大学）

　　　　江玉姬（福建农林大学）

编　者：盘赛昆（江苏海洋大学）

　　　　姚菁华（中国矿业大学）

前　　言

　　食品微生物学是研究食品与微生物之间密切关系的一门学科，是食品类专业教学计划中的专业基础课。食物从原料到加工制造、包装、贮藏、运输、销售等过程中，都与微生物息息相关；微生物也关系到每个人的工作、生活和身体健康。从事这方面工作的人员和学生都需要掌握微生物学知识。微生物个体微小、繁殖快、作用巨大，肉眼看不见、摸不着，令人们感到生疏又神秘。微生物学是纵横交错、广泛联系实际的学科，现有教材内容丰富、覆盖面广、篇幅较大，但实际教学中讲授时间大多在 30 多学时，要使初学者迅速入门并非易事。

　　编者总结多年学习微生物学和从事微生物教学科研的心得体会，针对食品微生物学现状，编写出适合初学者认识和掌握微生物生长发育规律的简明食品微生物学教材体系。采用较少的篇幅、较精炼的文字，阐述微生物的基础知识、基本概念和基本理论，让学生快速掌握食品微生物学的基本内容，便于学生反复学习和记忆。在内容方面，尽可能多地联系实际，特别是食品专业实际，以达到符合专业需求的目的。

　　全书由微生物的基础知识（第一章至第七章）和微生物与食品的利害关系（第八章至第十章）两部分组成，包括绪论和 10 章分述。第一章至第四章讲述原核微生物、真核微生物、非细胞生物及微生物的营养与培养基相关知识。第五章为微生物的代谢，将微生物机体复杂的生物化学变化问题，也是学生一时难于理清的问题，人为地分为微生物的酶、微生物的呼吸作用与能量代谢、微生物的分解代谢和微生物细胞物质的合成 4 个方面来讲述，使其更容易理解。第六章把微生物生长的环境条件要求直接与食品环境联系起来，使学生迅速领悟到食品与微生物的密切关系。第七章从微生物遗传的物质基础、基因突变和诱变育种、基因重组与杂交育种 3 个方面来介绍微生物遗传变异与育种知识。第八章至第十章讲述食品生产与微生物、食品变质与微生物和食品卫生与微生物，将食品微生物知识直接应用于食品从原料到产品生产的各个环节，便于学生理解。另外，吴文礼教授多年来未发表的有关金菇露新产品的研制及生产设施内容也编入本书中。

福建农林大学吴文礼教授整理撰写了本书绝大部分内容，集美大学倪辉教授参与了第六章、第七章和第八章内容的整理及校对，福建农林大学江玉姬教授参与了第一章、第二章和第三章内容的整理及校对，中国矿业大学姚菁华副教授参与了第五章内容整理及校对，江苏海洋大学盘赛昆副教授参与了第九章内容的整理及校对。泉州金菇露生物科技有限公司吴耿煜同志提供了金菇露生产工序设施与布局等资料，此外，在编辑书稿的过程中，福建省盐业集团有限责任公司吴朝晖同志为书稿的编排和图表的制作花费了大量心血且付出了辛勤的劳动，福建农林大学食品科学学院博士生魏奇帮助修整部分插图说明，谨此表示感谢。

本书可作为高等院校食品科学、食品加工、农产品贮藏与加工等专业的教材，也可供上述有关专业的师生和科技人员阅读参考。

由于编者水平所限，书中疏漏和不足之处，恳请各位同行和读者批评指正。

编　者

2020 年 3 月

目　　录

绪　　论

一、微生物的定义

微生物是一群体型微小，结构简单，用肉眼分辨不清其个体的低等生物，必须借助于光学显微镜甚至电子显微镜才能看到其个体。微生物包括细胞型和非细胞型两种类型，细胞型微生物又分为原核微生物和真核微生物。原核微生物如细菌、放线菌及蓝细菌等，真核微生物如霉菌、酵母菌、单细胞藻类、原生动物等；非细胞型微生物如病毒、噬菌体、类病毒等。

学习和研究与食品有关的微生物的形态、结构、生理、生态等，特别是研究微生物在食品生境下的生命活动及其与食品的相互关系，即为食品微生物学。

二、微生物的分布

自然界到处有微生物的存在与活动，如从地面到 740km 高空的空气中以及江、河、湖、海、温泉、工业废水的水中都有微生物，土壤更是微生物滋生的场所，动植物体内外和人体皮肤、头发、口腔、眼、耳、鼻、肌肉、内脏、血液、排泄物等都有微生物的分布。

三、微生物的五个共性

1. 体形小，比表面积大

微生物个体微小，一般用肉眼分辨不清其个体。例如，细菌、放线菌、真菌等必须通过光学显微镜放大后才能看到，一般用微米（μm）表示，病毒、噬菌体、类病毒则更小，其大小一般用纳米（nm）表示，必须用电子显微镜放大几万倍甚至几十万倍后才能看到。但微生物的比表面积大。例如，大肠杆菌（*Escherichia coli*）每毫克蛋白细胞其表面积为 88mm²，而同样大小重量的人体表面积为 0.000 3mm²，两者相差近 30 万倍。比表面积大使它们具有巨大的吸收面、排泄面和接收信息面。

2. 吸收多，转化快

有资料表明，发酵乳糖的细菌，在 1h 内可分解相当于其自身质量的 1 000～10 000 倍的乳糖；产朊假丝酵母（*Candida utilis*）合成蛋白质的能力比大豆强 100 倍、比肉用公牛强 10 万倍。某些微生物的呼吸率也比高等动植物高得多，如固氮菌（*Azotobacteria*）每小时每毫克干重菌体在 28℃ 下消耗 O_2 2 000μL，而肾和肝组织在 37℃ 下消耗 O_2 10～20μL、根和叶组织在 20℃ 下消耗 O_2 0.5～4μL。一支含糖化酶的试管菌种，经 3～4 代繁殖后，可逐渐扩大到容积几十万升，可把几百吨的淀粉转化为葡萄糖。

3. 生长旺，繁殖快

微生物具有极高的生长繁殖速度。大肠杆菌在适合的条件下每分裂一次只需 12.5～20min，每天分裂 72 代；谷氨酸产生菌（短杆菌 *Bacillus brevis*），从摇瓶到 50t 发酵罐放罐，只需培养 52h，其菌数约增加 32 亿倍，这是其他任何农作物所不能达到的"复种指数"，但能够危害动植物的病原微生物也会给人类带来极大的危害和麻烦。

4. 容易变异，种类多

微生物通常多为单倍体，每个生活单位都能完全处于外界环境之中，当外界环境因子发生剧烈变化时，就容易引起基因突变，加以其个体微小、繁殖快，即使其变异频率很低（10^{-10}～10^{-8}）也能在极短时间内产生大量突变体。因而，涉及各种性状代谢途径类型、生理类型、产物质和量的变异。例如，产黄青霉（*Penicillium chrysogenum*）的青霉素的发酵单位，1943 年只有 20U/mL，而目前技术先进的国家生产青霉素的发酵水平已超过 5 万 U/mL，甚至高达 10 万 U/mL；金黄色葡萄球菌（*Staphylococcus aureus*）对青霉素的耐药性也发生很大的变异，1946 年从医院分离的金黄色葡萄球菌耐药菌株约占 14%，至 1966 年耐药株已超过 97%。

微生物种类特别多，不同学者的估计数差异很大。1972 年有学者估计微生物最低有 79 784 种、最高有 127 298 种；也有学者估计微生物有 50 万种；但 1994 年我国学者估计微生物有 160 多万种，是生物界种类数仅次于昆虫类的大类群。目前已知的微生物种类数不超过 10%，有待进一步研究。

5. 微生物具有极其灵活的适应性

微生物对极端恶劣的环境具有惊人的适应力。例如，海洋深处的某些硫细菌能在 250～300℃ 的高温条件下正常生长；大多数细菌能耐 -196～0℃ 的任何温度，甚至 -253℃ 仍能保持生命；一些嗜盐菌能在 32% 饱和盐水中正常生长；许多微生物在干燥条件下经过几十年、几百年乃至上千年仍能存活；氧化硫硫杆菌（*Thiobacillus thiooxidans*）的一些菌株，能在 5%～10%（0.5～1.0mol/L，pH 值为 0.5）的 H_2SO_4 中生长，是耐酸菌的典型；耐辐射微球菌（*Micrococcus radiodurans*）是抗辐射力最强的生物，耐辐射量达 750 000R，而人和哺乳动物辐射的半致死剂量低于 1 000R，大肠杆菌为 10 000R；微生物也有很强的抗静水压力，地球大洋最深处——马里亚纳海沟（关岛附近），水压达 1 103.4 倍大气压，那里仍有微生物生存，植物病毒可抗 500 倍大气压，一些细菌和霉菌的抗静压为 300 倍大气压，酵母菌为 500 倍大气压。

大多数种类的微生物都可用人工方法培养，很多农副产品都可用来培养有益的微生物，生产化工产品和食品等。

四、微生物与人类生产生活的关系

微生物活动与人类的生产生活息息相关，在自然界中大多数微生物对人类和动植物是有益或无害的，有害的微生物只是少数。

有些微生物能引起人和动植物生病，它们曾给人类带来灾难。例如，引起人类发生天花、霍乱、鼠疫等，夺去很多生命；欧洲的马铃薯晚疫病曾引起粮荒；英国 10 万只火鸡因黄曲霉毒素（Aflatoxin）中毒而死亡等，这些都使人类生产生活遭到很大威胁。至今仍有部分微生物威胁着人类的健康和农牧业的生产。微生物的破坏性还表现在使工业产品、农副产品以及生活用品腐烂变质等。

有些微生物生活于人和动物的肠道内，能合成维生素供人机体利用。生活于反刍动物瘤胃内的纤维素分解细菌有助于草饲料中纤维素的消化；根瘤菌共生于相应的豆科植物形成根瘤，固定空气中的分子态氮，供豆科植物利用。

微生物在自然界的物质转化中也起着重要作用。地球上生物的繁荣发展，一方面依赖绿色生物进行光合作用，合成有机物质；另一方面靠有机营养型微生物将植物的枯枝、落叶、残根、动物的尸体、排泄物等分解为 CO_2 和水，为进行光合作用的植物提供 CO_2，地球上的绿色植物光合作用所需的 CO_2 约 90% 是由微生物提供的。

微生物是土壤肥力的重要因素，动植物及人类的生产生活都直接、间接依赖土壤肥力，土壤肥力的高低取决于土壤中微生物的活动；微生物将动植物残体及排泄物分解、无机化供植物生长吸收。土壤中硫、磷、钾、钙、钠等的化合物也都要通过微生物分解转化为可溶性盐类，固氮微生物将植物不能利用的分子态氮转化为可吸收利用的无机氮。土壤、石油、天然气、煤、硫矿等的形成都有微生物的参与；有些微生物能分解有毒物质，污水的净化大多有微生物的参与。

微生物多种多样的生理代谢和代谢产物已广泛应用于工农业生产，有的直接利用其菌体，有的利用其代谢活动及代谢产物来生产加工各种食品、药物、化工产品、生物制品、饲料和农药等。1978 年报道，在人类找到的 5 128 种抗生素中，来自微生物代谢产物的就达 4 973 种，占抗生素总数的 97%。

五、微生物与食品的关系

多种微生物可用于食品制造和加工，如制造各种饮料、酒类、酱油、面酱、醋、味精、面包等。有些微生物的菌体细胞（如酵母菌 *Saccharomyces*、假丝酵母 *Candida*、白地霉 *Geotrichum candidum*、球拟酵母 *Torulopsis* 等）含有丰富的蛋白质、维生素等营养物质，可作为精饲料或食品。有大量的腐败微生物能引起食物原料和食品变质败坏。还有少数滋生于食品中的微生物会引起食物中毒，或使人类和动植物感染而引起各种传染病。

六、学习食品微生物的目的

通过学习掌握食品微生物的基本知识、基础理论以及有关的微生物操作技能，了解微生物在食品环境中的生长条件、生长规律和控制方法，应用于食品的专业课程和生产生活实际，开发、利用或改善有益微生物，控制、消灭或改造有害微生物。

第一章　原核微生物

现代生物学观点认为整个生物界分为细胞生物和非细胞生物，细胞生物又分为原核生物和真核生物。原核生物包括细菌、放线菌、蓝细菌（旧称蓝藻）；真核生物包括高等动植物、低等动植物以及霉菌、酵母菌、单细胞藻类、原生动物等真核微生物。原核细胞与真核细胞的区别见表 1－1 和图 1－1。

表 1-1　原核细胞与真核细胞的区别

结构	原核细胞	真核细胞
细胞壁	由黏质肽构成硬质层	不含黏质肽，由各种有机多聚体构成或无细胞壁（动物）
核	由单一染色体缠绕成核区，连接在质膜或中间体上，无核膜、核仁，无丝分裂	核结构完整，染色体1至多条，有核膜、核仁，有丝分裂和减数分裂
DNA	单链环状，由一个复制点复制，DNA 不结合组蛋白	多条 DNA 链，多点复制，DNA 与组蛋白结合
中间体	+	－
质粒	+或－	－
核糖体	70S，分散于细胞质内	80S，附着在内质网上或分散在细胞质内；在线粒体内或叶绿体内为 70S
内质网	不具内质网，质膜内陷形成中间体（呼吸酶类所在）、类囊体或载色体	有内质网系，并分化为高尔基体及溶酶体
颗粒体	－	+（呼吸酶系所在）
叶绿体	－（光合色素多含在载色体中）	+
荚膜	+或－	－
菌毛	+（含性菌毛）或－	－
鞭毛	单管状蛋白质丝	复管状蛋白质丝，（9+2）个

注：S（Svedberg）为沉降系数，用来测试颗粒的大小。

原核细胞只有核区，核区内有一个由双螺旋 DNA 构成的基因体；真核细胞则有定型的核，核内有由多个染色体组成的基因体群，染色体还含有组蛋白，有核膜、核仁。

　　原核细胞的细胞质膜是一层连续不断的单位膜，并有大量皱褶陷入原生质内形成中间体，中间体呈管状或囊状，是能量代谢和合成代谢的场所，而真核生物则质膜不陷入原生质内。原核细胞的核糖体的颗粒较小，为70S；真核细胞核糖体的颗粒大，为80S。

　　原核生物的非细胞生物特征：没有细胞结构；必须生活于生物体活细胞内；依靠寄主细胞的酶体系，才能完成其全部生命活动过程。

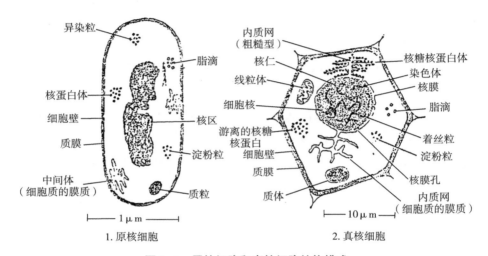

图1-1　原核细胞和真核细胞结构模式

第一节　细　菌

一、细菌的形态与大小

　　细菌是单细胞生物，每个细胞就是一个独立的生活个体，即使在聚集成群体的情况下，也仍按个体进行独立的生命活动。

　　1. 细菌的外形

　　细菌的基本形态有球状、杆状和螺旋状，分别称为球菌、杆菌、螺旋菌（图1-2）。

　　（1）球菌　单个呈圆球状或扁圆状，几个连在一起常呈扁圆状，按其排列和聚集情况的不同可分为6种类型，即单球菌（如脲微球菌 *Micrococcus ureae*）、双球菌（如肺炎双球菌 *Diplococcus pneumoniae*）、链球菌（如乳链球

菌 *Streptococcus lactis*）、四联球菌（如四联微球菌 *Micrococcus tetragenus*）、八叠球菌（如脲八叠球菌 *Sarcina ureae*）和葡萄球菌（如金黄色葡萄球菌）。

（2）杆菌 这类菌通常只有横分裂，因此有单生、双杆、链杆、"八"字形等排列形式。其长宽、大小、比例、粗细、两端形状，常因菌种不同而有很大差异。

（3）螺旋菌 细胞弯曲呈螺旋状，弯曲不足一圈的称弧菌，如霍乱弧菌（*Vibrio cholerae*）；弯曲超过一圈的称螺旋菌，如减少螺菌（*Spirillum minus*）。

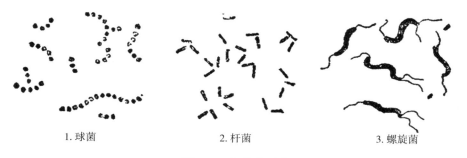

1. 球菌　　　　　　　2. 杆菌　　　　　　　3. 螺旋菌

图 1-2　细菌的形态

细菌的形状受外界条件影响很大，只有在营养丰富适宜的生长条件下的壮年菌体，才能表现出正常的个体形态特征。因此，描述细菌形态必须标出培养基和培养条件。

2. 细菌的大小

细菌的大小很难准确测定，一般经干燥固定的菌体要比活菌体的长度缩短 1/4～1/3，而用负染法所看到的菌体则比干燥后染色的菌体大，所以如不标明用什么测定方法，所表示的结果就没有什么意义。一般用微米（μm）或纳米（nm）表示（1mm = 1 000μm，1μm = 1 000nm）。

球菌测量其直径，杆菌和螺旋菌，则以长度和直径表示，螺旋菌的长度是以其空间的长度而不是实际长度表示，用目镜测微尺或投影法测定。球菌直径一般为 0.5μm 左右，球菌最大直径为 80μm。肺炎微球菌直径最小仅为 0.15～0.3μm；杆菌一般直径多为 0.5～2μm、长度为 1～5μm，一般表示为（0.5～2.0）μm×（1～5）μm，芽孢菌则更大一些。食品中常见的几种微生物的大小，如大肠杆菌为 0.5μm×（1.0～2.0）μm，普通变形杆菌（*Proteus vulgaris*）为（0.5～1.0）μm×（1.0～3.0）μm，乳链球菌直径为 0.5～1.0μm，肉毒杆菌（*Clostridium botulinum*）为（0.8～1.2）μm×（4.0～6.0）μm。

二、细菌的结构

细菌的结构见图 1-3。

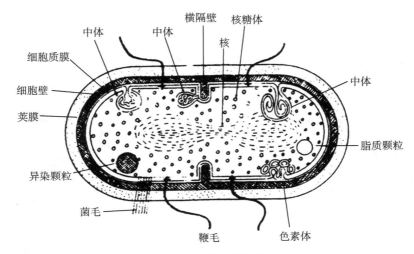

图 1-3　细菌的结构模式

1. 细菌的细胞壁与革兰氏染色反应

细胞壁是细菌细胞的最外层，无色、坚韧而富有弹性，有固定菌体外形和保护菌体的作用，并且是鞭毛细菌支撑鞭毛活动所必需的。细胞壁约占细胞干重的 10%~20%，细胞壁的厚度因菌种不同而异，一般为 10~23nm。将细胞浸泡在浓盐溶液中可使细胞壁与原生质体分开，细胞壁的化学组成与细菌的抗原性、致病性以及对噬菌体的敏感性有关。

细胞壁的主要成分是黏质肽（Peptidoglycan，也称肽聚糖），肽聚糖是由 N-乙酰葡萄糖胺和 N-乙酰胞（磷）壁酸以及短肽聚合而成的大分子化合物，它们相互联结构成多层网状结构。短肽接于胞壁酸，相邻的短肽再交叉相连。短肽一般由 4~5 个氨基酸组成，N-乙酰葡萄糖胺与 N-乙酰胞（磷）壁酸构成网状结构的骨架，相邻短肽的连接方式随细菌的种类不同而异。菌质体（Mycoplasm，也称支原体）则没有细胞壁，只能在近等渗透压的环境中生活。

革兰氏染色法是丹麦的微生物学家（医生）Christan Gram（1884）用来鉴别革兰氏阳性（G⁺）细菌和革兰氏阴性（G⁻）细菌两大类细菌的方

法。革兰氏染色法是微生物学中一种重要的染色方法。其程序是先用草酸铵结晶紫液染色，再加碘液，使其在染色细胞中结合成复合物，继而用乙醇褪色，最后用番红复染，光学显微镜下观察，保持初染紫色的称 G^+ 反应，呈复染红色的为 G^- 反应。

多年来关于革兰氏染色机理提出了很多解释，但还不能完满地解释清楚。最近研究表明，革兰氏阳性（G^+）细菌和革兰氏阴性（G^-）细菌的细胞壁结构和成分方面有一定的差异（图1-4）。G^+ 细菌的细胞壁结构只有一层，但较厚（20～80nm），肽聚糖含量较高，约占细胞壁质量的 50%～80%，并含有磷壁酸，其结构主要有甘油磷壁酸和核糖醇磷壁酸等 5 种类型，而 G^- 细菌的细胞壁结构较薄，约 10nm，分内外两层，内壁层称硬壁层，厚 2～3nm，主要组分是肽聚糖，含量较前者低，约占细胞壁质量的 5%～10%，外壁层较厚约 7～9nm，外壁层主要由脂蛋白和脂多糖组成，类脂质含量远高于 G^+ 细菌，但不含磷壁酸。

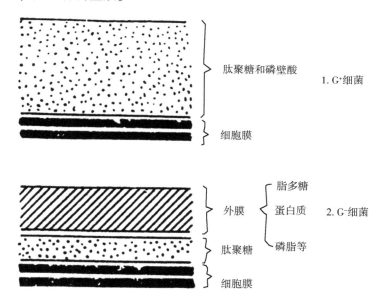

图 1-4　G^+ 细菌细胞壁和 G^- 细菌细胞壁模式

肽聚糖的功能：决定细胞形状，抵抗细胞的膨压，使细胞免因渗透压而破裂。使用溶菌酶处理胞壁就是破坏肽聚糖层。青霉素对 G^+ 细菌的作用就是抑制肽聚糖合成的最后一步（抑制细胞壁四肽侧链和五肽交连桥的结合）。

革兰氏染色的原理：目前一般认为与细胞壁的化学组成和结构有关，因为革兰氏染色用的染色液结晶紫与碘结合的复合物是在原生质体上的染色，若除去细胞壁，G⁺细菌的紫色都能被酒精脱色，所以 G⁺ 细菌的细胞壁有阻止酒精从细胞质内把染料复合物洗脱出的作用，同时酒精能使细胞壁脱水，使肽聚糖结构的空间缩小，通透性变小，以致结晶紫—碘复合物保存在细胞内不会被脱出，所以细胞保持紫色。而 G⁻ 细菌的细胞壁含脂类物质较多，加上酒精有溶解其细胞壁脂类物质的作用，因而细胞壁结构变松懈，同时 G⁻ 细菌肽聚糖含量较少，结晶紫—碘复合物容易被洗脱出来（无色），所以复染后形成红色为 G⁻ 反应。

2. 细菌细胞的原生质体（Protoplast）

（1）细胞膜　细菌的细胞膜是紧贴于细胞壁内的一层柔软又富有弹性的薄膜，它以大量皱褶陷入原生质内部，形成囊状或管状体称为中间体，中间体一般位于细胞分裂的部位或其附近，G⁺ 菌中间体较明显。细胞膜是细胞内部与外界隔离的屏障，细胞膜的质量约占细胞失水后质量的 10%～30%，细胞膜的主要成分是蛋白质（占 60%～70%）和磷脂（占 20%～30%），细胞膜的两面各有一层磷脂，两层磷脂之间是蛋白质，细胞膜厚约 8nm，具有半渗透性，细胞靠其与外界进行物质交换，但进出物质的颗粒大小是有限制的，最大是 DNA 片段和分子量较小的蛋白质（如胞外酶）。细菌的能量代谢和多种合成作用都是在细胞膜上进行。而真核生物的能量代谢是在细胞器——线粒体上进行。细胞膜的功能：①控制细胞内外物质的运送与交换；②维持细胞内正常渗透压，起屏障作用；③合成细胞壁各种组分（脂多糖、肽聚糖、磷壁酸）和荚膜；④进行光合磷酸化和氧化磷酸化的产能基地；⑤许多酶（如有关细胞壁和荚膜合成的酶、β-半乳糖酶、ATP 酶）和电子传递链组分的所在部位；⑥鞭毛的着生点和提供其运动所需的能量等。

（2）细胞质、核糖体　包围于细胞膜内的是细胞质，它是一种黏稠状的无色胶体，多数细菌细胞质不含任何细胞器。在电子显微镜下可看到许多直径为 10nm，沉降系数为 70S 的颗粒，这些颗粒体称核蛋白体（或核糖体）。核糖体是蛋白质和核糖核酸的大分子复合物，是多肽和蛋白质的合成场所。细胞质中还含有一些分散于其中的贮存物质，称内含物。

（3）原核、染色体和质粒　细菌细胞质的中央是一个絮状的核区，在电子显微镜下可看出它明显和细胞质分开，但没有核膜隔开。而真核细胞则有核膜。就现在所知，细菌核区只含一个染色体，而真核细胞核在分裂过程中形成几个染色体。细菌核区的主要成分是 DNA，DNA 不含组蛋白，长 1 100~1 400μm，是一条折叠卷曲的双螺旋结构的细丝，染色体由双螺旋的 DNA 分子构成。有些细菌的 DNA 是环形的。染色体的 DNA 双螺旋的碱基对排列顺序，就是贮存和发出遗传信息的物质基础。在细胞分裂中，DNA 双螺旋的复制，又是将遗传信息传给后代的物质基础。细菌细胞有时还含有 1 个或几个由 DNA 分子组成的质粒，质粒分散在细胞质中或附着于染色体上，它们也是遗传信息贮存、发出和传递给下一代的物质基础。

3. 细菌的运动与鞭毛

有的细菌能运动，有的不能运动，能运动的细菌的运动有 3 种形式。①生鞭毛，可自由运动；②螺旋体能活跃运动，在菌体两端各生一束丝缠绕菌体，依靠这两束丝的伸缩而运动；③还有些细菌类群，如黏细菌和蓝细菌，它们不能在液体中自由运动，但可以在固体表面上滑行（蠕动），滑行是因外形的一些微变动（菌体波浪形弯曲）而移动。

鞭毛主要是一些螺菌、杆菌和极少数球菌幼龄时发生的运动器官。它是由特殊的鞭毛蛋白构成的原生质，伸出原生质体外穿过细胞壁的纤细丝状体，直径为 20~30nm，必须通过特殊染色使鞭毛加粗，才能通过光学显微镜看到，或用电子显微镜观察。鞭毛的数目和着生位置，因种类不同而异，可分为单生、丛生、周生（图 1-5）。鞭毛的数目和着生位置是细菌分类学上的依据之一。

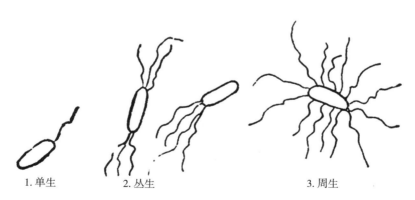

1. 单生　　　　2. 丛生　　　　　3. 周生

图 1-5　细菌鞭毛的类型

4. 菌毛（Pilus）

菌毛又称线毛、须或纤毛（图 1-6）。某些 G⁻ 细菌细胞的周围还长有很多比鞭毛短直，但较硬的蛋白质细丝或纤管，它能使大量菌体纠缠在一起，漂浮于液面形成菌膜，具有使细菌附着于寄主器官如呼吸道、消化道、泌尿生殖道的黏膜上的作用。另外，有种特殊的性菌毛（Sex pili）如大肠杆菌 K_{12} 菌株的细胞有 1~2 根中空的菌毛，不同性别菌株交接时能使游离的染色体 DNA 片段或质粒 DNA 通过菌毛的中空注入雌性株，假单胞菌属（*Pseudomonas*）、霍乱弧菌、肾棒状杆菌（*Corynebacterium renale*）及绝大多数的肠道细菌均有这种性菌毛。

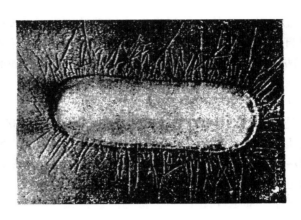

图 1-6　细菌的菌毛

5. 细胞内含物

细胞质内还含有多种小分子的有机、无机化合物，这些物质是合成大分子物质的原料，也是大分子物质的分解产物，通常在光学显微镜下或用相差显微镜直接观察，可以看到的称为细胞内含物，如不含氮的淀粉粒、肝糖（可用碘液来检测）和聚 β-羟基丁酸（可用脂溶性染料苏丹黑检查），以及异染颗粒即掖转菌素（用亚甲蓝染色呈红色）。异染颗粒是一种多聚偏磷酸成分，也是一种磷的贮存成分。此外，还有硫黄滴、多肽（如苏云金杆菌 *Bacillus thuringiensis* 的棱状结晶）等。

6. 细菌的芽孢

芽孢是某些细菌如芽孢杆菌（*Bacillus*）、梭状芽孢杆菌属（*Clostridium*）和球菌中的芽孢八叠球菌（*Sporosarcina*）等在生长发育过程中形成的特殊休眠体。现在认为芽孢的形成不仅是细胞中部分细胞质失水浓缩而成，而且还包括有核质及细胞质的重新组合。现以蜡质芽孢杆菌为例，将芽孢的形成过程分为 7 个阶段（图 1-7）：①在具有两个核质的营养细胞中，两核质连接形成长轴丝；②菌体一端的细胞膜内陷，形成横隔，将部分染色体及细胞质包围住（前芽孢）；③前隔膜形成，横隔两端边缘向菌体顶端延伸推进，使横隔两端逐渐融合，将菌体隔离为大小两部分；④前芽孢发育成熟，开始合成芽孢衣，细胞中出现两层膜（内膜和外膜）包住前芽孢；⑤芽孢衣合成结束并形成皮层；⑥形成芽孢外壁；⑦芽孢成熟。

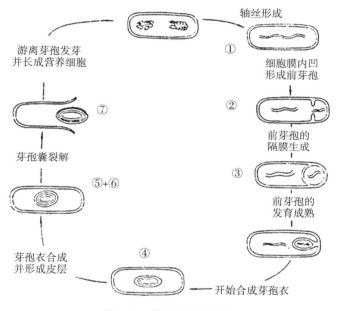

图 1-7 芽孢形成的过程

成熟的芽孢具有较厚的壁（图 1-8），在光学显微镜下折光性很强，含有较多吡啶 2,6-二羧酸（DPA）很难着色，具有较强的抗逆性，对高温、射线、干燥、化学药品等都有较强的抗性，其核酸和蛋白质不易变性。其酶的组成也不同于营养细胞的酶，呈不活跃状态，遇到适宜环境即可吸水膨胀出芽。芽孢的形状、大小、位置依不同种类而异（图 1-9），在适合的环境条件下（如水、营养物质、温度、氧浓度等）萌发，通过加热到 80~85℃ 也可促进芽孢萌发。一个芽孢只萌发一个营养细胞。某些昆虫病原菌（如苏云金杆菌）在形成芽孢时残留的营养细胞可形成菱形八面体的伴孢晶体。

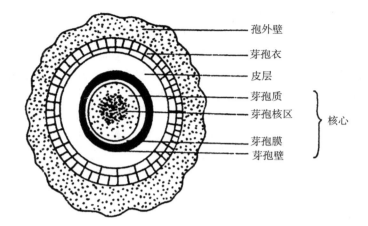

图1-8　细菌芽孢的结构模式

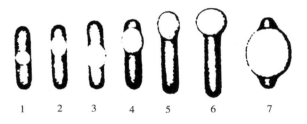

图1-9　细菌芽孢的各种类型

7. 细菌的荚膜和黏液

有些细菌细胞在生命活动中会分泌一层围绕于其胞壁的黏稠物质，称为荚膜（图1-10）。分泌的物质黏稠性低的称黏液，也有多个细菌包容于一团胶状物之中，称为菌胶团。用负染色法可在光学显微镜下看到荚膜。荚膜的化学成分因菌种不同而异，主要是多糖和果胶物质，也有细菌的荚膜是多肽聚合物，主要起保护作用。

荚膜的形成受环境条件影响，生长于含糖量高的培养基易形成荚膜，某些病原菌如炭疽杆菌（*Bacillus anthracis*）则只有在动物体内才能形成荚膜，荚膜的形成同时也受细菌的遗传特性控制，有些细菌的黏液层能逐渐硬化而形成坚硬的鞘（如铁细菌、衣细菌），鞘内有无机沉淀物，鞘的一端常成为附着器，以附着于基质上，适应不良环境。

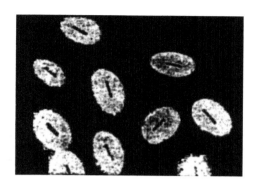

图 1-10　硅酸盐细菌的荚膜

三、细菌的繁殖与菌落的形成

细菌最普遍的繁殖方法是裂殖，即一个母细胞分裂成两个子细胞，两个子细胞生长到大致与母细胞大小相同时，可再进行分裂。杆状菌的分裂与长轴成垂直，而球菌的分裂繁殖就没有固定的方向。有的多次分裂面方向一致，分裂后成为链球菌；有的两次分裂面相垂直而形成四联球菌；有的三次分裂面相互垂直即为八叠球菌；分裂不规则方向的即为葡萄球菌；有的分裂为两个子细胞后，细胞大小不等称为异形分裂。据报道，也有少数细菌能进行出芽生殖，这些都是鉴定细菌种类的重要依据。在适宜条件下，细菌一般只要 20~30min 就可分裂一次，大肠杆菌分裂一次只需 18min，它们可以一代一代地分裂，呈几何级数增加，但往往因环境不适宜、营养不足或代谢产物积累而受影响。遗传学上已证明细菌也存在有性结合繁殖，只不过出现频率很低。

1. 细菌的裂殖过程

细菌分裂开始，首先是双螺旋结构 DNA 链的复制（图 1-11），双螺旋链分开为单股 DNA 链，每条单股 DNA 链按照碱基配对原则，对称地复制成新的双螺旋链，新形成的两个双螺旋链分开形成两个核区，同时在细胞赤道附近的质膜，从外向中心凹陷做环状推进，最后闭合形成垂直于细胞长轴的细胞质隔膜，使细胞质分开为两部分，再在新的细胞膜之间形成细胞壁（细胞壁向内生长引起），随后横隔壁也分成两层，成为两个独立的子细胞，最后分开。这样母细胞的遗传信息就可以全部传递给子细胞。

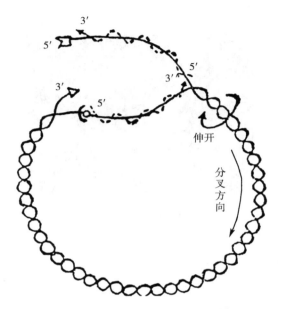

双链的一条断裂，一条不断裂，一边分叉一边复制，虚线表示新复制的对应 DNA 链。

图 1-11　双螺旋 DNA 链的复制

2. 菌落

由一个或少数几个细菌细胞在固体培养基表面或深层生长繁殖为大量个体，这些个体堆积成肉眼可见的群体，称为菌落。生长于培养基表面的叫表面菌落，生长于培养基表层以下的称深层菌落。接种于斜面培养基表面上所形成的培养物称为菌苔。每一种细菌在一定的条件下形成的菌落，具有一定的特征，不同种类的细菌所形成的菌落各不相同，同一种细菌在不同培养基上所形成的菌落性状就可能有所不同，表面湿度不同其菌落特征也有差异。

细菌菌落特征，既受其遗传性控制，也受环境条件的影响，因此菌落特征也是鉴定和识别细菌的重要标志，菌落特征包括菌落的形状、大小、边缘、高度、颜色、硬度、透明度、光泽等。

3. 细菌的液体培养特征

不同种类的细菌，在液体培养基中也表现出不同性状，有的使液体均匀混浊，有的产生沉淀，有的表面形成菌膜或沿管壁形成菌环。

四、食品中常见的细菌

1. 革兰氏阴性菌

（1）假单胞菌属（*Pseudomonas*） G⁻杆菌，需氧菌，无芽孢，端生鞭毛，能运动或不运动，有些菌能产生水溶性荧光色素。化能有机营养型，自然界中分布广泛，某些菌株有强烈分解脂肪和蛋白质的能力，污染食品后能在食品表面迅速生长引起变质，影响食品气味，如荧光假单胞菌（*Pseudomonas fluorescens*）能在低温下生长，使肉类腐败；生黑腐败假单胞菌（*Pseudomonas nigrifaciens*）能在动物性食品上产生黑色素；菠萝软腐假单胞菌（*Pseudomonas ananas*）使菠萝腐烂。

（2）醋酸杆菌属（*Acetobacter*） 幼龄菌为 G⁻杆菌，老龄菌常为 G⁺杆菌，无芽孢，需氧菌，周生鞭毛，能运动或不运动，有较强的氧化能力，能将酒精氧化为醋酸，可用于制醋。也能引起果蔬和酒类的败坏。如纹膜醋酸菌（*Acetobacter aceti*），一般粮食发酵、果蔬腐败、酒类及果汁变酸等都有本菌参与；胶醋酸杆菌（*Acetobacter xylinum*）能产生大量黏液而妨碍醋的生产。

（3）无色杆菌属（*Achromobacter*） G⁻菌，有鞭毛，能运动，多数能分解葡萄糖及其他糖类产酸不产气，能使禽肉和海产变质发黏，分布于水和土壤中。

（4）产碱杆菌属（*Alcaligenes*） G⁻菌，不能分解糖类产酸，能产生灰黄色、棕黄色和黄色的色素，引起乳品及其他动物性食品发黏变质，能在培养基中产碱，广泛分布于水、土壤、饲料、人和动物的肠道内。

（5）黄色杆菌属（*Flavobacterium*） G⁻菌，有鞭毛，能运动，对碳水化合物作用弱，能产生多种脂溶性而难溶于水的色素，如黄色、橙色、红色等颜色。能在低温中生长，能引起乳、鱼、蛋等食物的腐败变质。广泛分布于海水、淡水、土壤、鱼类、蔬菜和牛奶中。

（6）埃希氏杆菌属（*Escherichia*）和肠细菌属（*Enterobacter*） G⁻菌，前者又称大肠杆菌属，短杆、单生或成对排列，周生鞭毛，能分解乳糖、葡萄糖产酸产气，能利用醋酸盐，不能利用柠檬酸盐。大量存在于人和动物的肠道内，也分布于水和土壤中，在食品检验中，一旦发现了大肠杆菌，就意味着这种食品直接或间接地被粪便污染，大肠杆菌也是食品中常见腐败菌，能引起乳及乳制品腐败。肠杆菌属与前者相似，但其中有些是低温菌，能在 0~4℃条件下繁殖，造成包装食品在冷藏过程中腐败变质。

（7）沙门氏菌属（*Salmonella*）和志贺氏菌属（*Shigella*）　沙门氏菌属形态类似于大肠杆菌属，但不发酵乳糖，可以利用柠檬酸盐，它们与志贺氏菌属都是重要的肠道致病菌，前者常污染蛋、乳和其他食品，误食污染后的食品会引起食物中毒。

（8）变形杆菌属（*Proteus*）　周生鞭毛，能运动，菌体常不规则，呈现多形性，对蛋白质有很强的分解能力，是食品的腐败菌，能引起人类食物中毒。广泛存在于人和动物的肠道内，以及土壤、水体和食品中。

2. 革兰氏阳性菌

（1）乳酸杆菌属（*Lactobacillus*）　不运动，菌体杆状，呈链状排列，常发现于牛乳和植物性的产品之中，如干酪乳杆菌（*Lactobacillus casei*）、保加利亚乳杆菌（*Lactobacillus bulgaricus*）、嗜酸乳杆菌（*Lactobacillus acidophilus*），这些菌常用来作为乳酸和干酪、酸乳等乳制品的发酵剂。

（2）链球菌属（*Streptococcus*）　球菌呈短链或长链状排列，其中有些是人和动物的病原菌，如引起牛乳腺炎的无乳链球菌（*Streptococcus agalactiae*）和引起人类咽喉炎的溶血性链球菌（*Streptococcus hemolyticus*）；有些菌种能引起食品变质，如粪链球菌（*Streptococcus faecium*）、液化链球菌（*Streptococcus liquefacient*）。有些菌种能够用于制造发酵食品，如乳链球菌和乳酪链球菌是用于乳制品发酵的菌种。

（3）明串珠菌属（*Leuconostoc*）　球状，成对或链状排列，能在高浓度盐和糖的食品中生长，引起糖浆、冰激凌配料等酸败。常存在于水果、蔬菜之中，如蚀橙明串珠菌（*Leuconostoc citrovorum*）和戊糖明串珠菌（*Leuconostoc dextranicum*）可作为乳制品的发酵剂，戊糖明串珠菌及肠膜明串珠菌（*Leuconostoc mesenteroides*）可用于制造代血浆。

（4）芽孢杆菌属（*Bacillus*）　需氧菌，产生芽孢，这属中的炭疽杆菌是毒性很强的病原菌。一些其他菌都是食品中常见的腐败菌。广泛分布于自然界中（土壤和空气中更为常见）。

（5）梭状芽孢菌属（*Clostridium*）　厌气或微需氧芽孢菌，能产生芽孢，肉毒杆菌是毒性极大的病原菌，嗜热解糖梭状芽孢菌（*Clostridium thermosaccharolyticum*）是分解糖类的专性芽孢菌，常引起蔬菜类罐头产气变质。腐败梭菌（*Clostridium putrefaciens*）等能引起蛋白性食品变质。广泛存在于土壤、水体和动物体及其排泄物中。

（6）微球菌属（*Micrococcus*）和葡萄球菌（*Staphylococcus*）　需氧性菌或兼性厌氧菌，在自然界分布广泛，如空气、水体、不洁净的容器和工具，以及人和动物的体表都能存在。某些菌种能产生色素，如黄色微球菌（*Micrococcus flavus*）产生黄色；玫瑰色微球菌（*Micrococcus roseus*）产生粉红色。这些菌的生长使食品变质，它们都具有较高耐热性和耐盐性，有些菌种也能在低温下生长引起冷藏食品败坏，金黄色葡萄球菌能产生肠毒素引起食物中毒。

第二节　放线菌

　　放线菌是一群单细胞丝状菌，介于细菌与真菌之间的一种过渡形态，一般为分枝丝状体，菌丝直径与普通杆菌差不多，多数种的分枝丝状体含有许多原核，没有核膜。菌丝体在生长过程中原核不断复制，但细胞不分裂，故菌丝为无分隔的单细胞（图1-12）。菌丝分营养菌丝（基内菌丝）和气生菌丝，营养菌丝在培养基表面匍匐生长并深入于基质内；向空中伸长的菌丝称为气生菌丝。气生菌丝中，能分化形成孢子的菌丝称孢子丝，多数菌种染色为 G^+，不运动，个别为阴性（如枝动菌属），有机营养型。多数腐生，少数寄生。放线菌的细胞结构与细菌很相近，细胞壁内含肽聚糖、磷壁酸，不含几丁质和纤维素。

实心表示基内菌丝；空心表示气生菌丝。

图1-12　放线菌

一、繁殖

　　进入繁殖阶段，低等种类放线菌菌丝突然全部断裂为长短均一的杆状，每个杆状可萌发为新个体，如原放线菌属（*Proactinomyces*）；高级种类可在有些气生菌丝（生殖气生菌丝）的顶端形成成串的孢子丝，孢子丝通过横隔法形成（以前认为有凝集法和横隔法）。孢子丝有不同的形状，如孢子丝螺旋排列的方向、圈数等不同，孢子丝是区别放线菌不同种类的重要特征。例如，链霉菌属（*Streptomyces*）的庆丰霉素链霉菌（*Streptomyces qingfeng-myceticus*）的孢子丝顶端的螺旋为 1~7 圈，小单孢菌属（*Micromonospora*）只有基（质）内菌丝，不形成气生菌丝，通过一些基质菌丝伸长到空间形成分生孢子梗，在每枝梗的顶端产生一个分生孢子；游动放线菌属（*Actino-planes*）可在其气生菌丝上或基质菌丝上形成孢子囊，孢子囊内形成游动孢子或不游动孢子，成熟后，孢子再从孢子囊中释放出来。所有放线菌脱落的菌丝片段，在适宜条件下形成新个体菌丝。

二、菌落特征

菌落有两种类型，链霉菌的菌落代表一种类型，大部分菌落于培养基表面生长处略有凹陷，菌落一般圆形，紧密坚实，接种环不易挑取，表面干燥、皱褶如结痂状，有土腥味。后期形成分生孢子后，表面呈粉末状，常呈同心圆，有各种颜色，有的菌株能分泌色素于培养基中。另一类型是不产生菌丝体的种类如诺卡氏菌，菌落类似细菌，呈糊状或粉糊状黏稠，易为接种环挑起。

三、代表种类

1. 链霉菌属（*Streptomyces*）

放线菌是抗生素主要产生者。而由链霉菌属产生的抗生素约占 90%，具有巨大经济价值和医学意义。如产生的井冈霉素能有效防治水稻纹枯病。它们具有发达的菌丝体，菌丝体分枝，菌丝无分隔，直径 0.4~1.0μm，多核菌丝体有营养菌丝，气生菌丝和孢子丝之分，孢子丝的分生孢子的形态因种而异。

2. 诺卡氏菌属（*Nocardia*）

诺卡氏菌属又名原放线菌属（*Proactinomyces*），抗结核分枝杆菌（*Mycobacterium tuberculosis*）和麻风分枝杆菌（*Mycobacterium leprae*）的利福霉素、抗水稻白叶枯病的蚊霉素以及对原虫病毒有拮抗作用的间型霉素等均为这属的一些种所产生。有些菌株用于石油脱蜡、烃类发酵以及分解污水中的腈类化合物。它们在培养基上形成典型的菌丝体，菌丝剧烈弯曲如树根或不弯曲，培养 15h 至 4d，菌丝体产生横分隔，分枝的菌丝体突然全部断裂成长短近于一致的杆状或球状体，每个杆状体至少有一个核。本属多数种无气生菌丝，只有营养菌丝，以横隔分裂形成孢子。

3. 小单孢菌属（*Micromonospora*）

产生抗生素潜力较大，能产生 30 多种抗生素，如庆大霉素等。本属菌丝体纤细，直径 $0.3 \sim 0.6 \mu m$，无横隔不断裂，菌丝体侵入培养基内，不形成气生菌丝，只在营养菌丝上长出很多分枝小梗，小梗顶端着生一个孢子。

4. 游动放线菌属（*Actinoplanes*）

以基内菌丝为主，有的有气生菌丝，有的很少，菌丝无隔或形成隔，在基质菌丝上生孢囊梗，顶生孢囊，孢囊成熟放出游动孢子，孢子有鞭毛能运动，也有孢囊孢子不运动。

放线菌在自然界分布很广，土壤、水体，空气中都有它们的存在，特别是干燥、弱碱性、含有机质多的土壤最多，是抗生素的主要产生菌。放线菌又能应用于甾体激素和酶制剂的制造等。链霉菌属可能引起食品的变质。

第三节　蓝细菌（蓝藻）

一、形态特征

蓝细菌（*Cyanobacteria*）归属于原核微生物，蓝细菌没有成型的核，细胞个体形态较大，直径 $3 \sim 10 \mu m$，单细胞球状或呈丝状的多细胞；裂殖繁殖，无有性生殖；细胞有异形胞、静息孢子和链丝段（段殖体）等特异形式；无鞭毛，靠滑行运动。蓝细菌细胞的结构与 G^- 菌很相似，其细胞壁分内外两层，外层为脂多糖，内层为肽聚糖，许多种类在细胞壁外分泌胞外多糖，胞外多糖有黏液层（松散，可溶）、荚膜（围绕个别细胞）和鞘衣（围绕细胞链）等不同形式。细胞中央无色素部分为核质区，周围是含有色素的细胞质部分，细胞膜皱褶凹陷入细胞质内，形成扁形囊称微囊体（管），在微囊体的膜上含有叶绿素、α-胡萝卜素、β-胡萝卜素、氧类胡萝卜素（如黏叶黄素海胆酮或玉米黄质）和光合电子传递链的有关部分，光合作用就在这里进行；藻胆蛋白则在附着于微囊管外表面上呈盘状结构的藻胆蛋白体中，藻胆蛋白含有 3 种色素（异藻蓝素、藻蓝素和藻红素）。

二、分布范围

蓝细菌是古老的原核微生物，属光能无机自养型生物，能像绿色植物一样进行光合作用，同化 CO_2，合成有机物质，释放 O_2。蓝细菌可能是地球上第一个产氧光合生物，使大气从无氧状态发展到有氧状态，从而孕育了一切好氧生物的进化和发展。还有许多种蓝细菌具有固氮作用，它们对生长条件和营养条件的要求都不高，只要有空气、阳光、水分和少量无机盐类，就能大量生长繁殖，而且耐干燥能力极强，故分布广泛，土壤或岩石上、树皮上常有成片生长，有些种类生长在河流、池塘、湖泊和海洋中。在自然界中到处（包括高温、低温、盐湖、荒漠和冰原等恶劣环境）都可以找到它们的踪迹。

三、主要价值

蓝细菌对于人类的生产、生活有显著的经济价值。具有固氮作用的种类（念珠蓝细菌等）生长于土壤表层中，是其氮素营养的重要因子；生活于蕨类植物满江红（*Azolla imbricata*）叶腔内的满江红鱼腥藻（*Anabaena azollae*）（图1-13）形成共生体固氮植物红萍，已被作为优质绿肥大面积养殖在水稻田；螺旋蓝细菌属（*Spirulina*）（图1-14）和念珠蓝细菌属（*Nostoc*）等属的许多种被开发利用为人类的高营养食物，并在临床上可用于治疗放疗和化疗后遗症、肝硬化、贫血、白内障、青光眼、胰腺炎等，同时对糖尿病、肝炎也有疗效。产品"螺旋藻"或将成为太空食品。而富集污染源的磷、钾等元素的海水出现的"赤潮"和湖泊中出现的"水华"，是有害蓝细菌种类引起的，对水产生产和养殖造成危害。

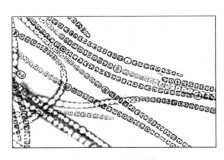

图1-13　鱼腥藻

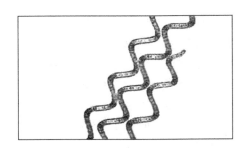

图1-14　螺旋蓝细菌

第四节　原核微生物的分类与鉴定

原核微生物中的细菌，目前世界公认的比较全面的细菌分类系统有 3 个：苏联的克拉西里尼利夫著的《细菌和放线菌的鉴定》；美国的贝捷（Breed bergey）《贝捷氏细菌鉴定手册》和法国的普雷沃（Prevot）《细菌学分类》。三者各抒己见无法统一，往往同一个种微生物，在不同的分类系统中，归属于不同的属、科甚至目。如肉毒杆菌，克氏把它归为 *Bacillus* 属，而贝氏把它归为 *Clostridium* 属。其中以《贝捷氏细菌鉴定手册》应用最广泛，1932—1974 年就出版了八版，其内容不断扩大、修改和更新。1984 年又出版了《贝捷氏系统细菌学手册》，该书主要介绍细菌鉴定方法，内容丰富，描述详尽，很有实用价值，被微生物工作者广泛采用。

一、细菌的分类单位

与动植物类似，分类单位依次为门、纲、目、科、属、种。种是分类的基本单位。原核生物细菌种的概念，不同学者有不同表述，至今找不到一个公认的、明确的定义。《贝捷氏细菌鉴定手册》认为凡是与典型培养菌密切相同的其他培养物统一起来区分为一个种。我国微生物学家周德庆认为它是一大群表型特征高度相似、亲缘关系极其接近、与同属内的其他物种有着明显差异的一大群菌株的总称。

变种（Variety）：分离到的纯种确有某一特性与典型种不同，其余特性相同且稳定称变种。

菌株（Strain）：同种微生物不同来源的纯培养物称菌株。

二、细菌的命名法

采用林奈氏（Linnaeus）的双名法。与其他动植物相同，菌种名由两个词构成，第一个词指属，应大写用名词，第二个词指种名用形容词，用拉丁词或拉丁化的其他文字构成。例如，*Staphylococcus aureus*，第一个词是葡萄球菌属，第二个词意思是金黄色的。第二个词描述细菌的次要特征，有时用人名或地名代替。

三、原核微生物的分类鉴定内容依据

要识别一个新菌种是很困难的，必须进行一系列的观察和鉴定工作，通常依据以下 7 个方面进行分类鉴定。

1. 形态特征

指细菌个体的形态特征。

2. 培养特征

指细菌群体、菌落等的形态特征。

3. 生理特征

营养特性（碳素、氮素等）；适宜温度及需氧性等。

4. 生化反应

代谢产物；在石蕊牛奶培养基上的生长反应等。

5. 血清反应

指相应的抗原与抗体在体外一定条件下相互作用，可出现肉眼可见的沉淀、凝集现象，用于鉴定菌种及细菌分型时用。

6. 生态

指细菌（菌群）与其周围生物和非生物环境条件的相互作用（仅供分类参考）。

7. 细菌细胞的化学成分

细胞壁成分；核酸成分，如 DNA 链上的碱基排列顺序、数量和比例。

此外，还可以通过数值分类法对细菌进行分类鉴定。即对所有的分类性状不分主次一律同等看待，归群时通常以单连锁比较（即菌株两两进行比较），求其相似值而进行归类，此方法必须测定很多性状特征，工作量大，必须借助电脑进行归类分析。

四、贝捷氏的细菌分类系统

贝捷氏的细菌分类系统先按细菌能否进行光合作用等特征，把细菌列入原核生物界，包括蓝细菌类（裂殖藻纲）及细菌类（裂殖菌纲）。在细菌类中再依据形态、生理、生态等特征分列出 19 个部 247 属。

19 个部：光能自养细菌部；滑动细菌部；鞘细菌部；芽殖或（和）有附属物细菌部；螺旋体部；螺旋形和弯细菌部；革兰氏阴性好氧杆菌及球菌

部；革兰氏阴性兼性厌氧菌部；革兰氏阴性厌氧菌部；革兰氏阴性球菌及球
杆菌部；革兰氏阴性厌氧性球菌部；革兰氏阴性化能自养型细菌部；甲烷细
菌部；革兰氏阳性球菌部；芽孢杆菌和球菌部；革兰氏阳性无芽孢杆菌部；
放线菌及其相关细菌部；立克次氏体部；支原体部。

第二章　真核微生物

真核微生物具有完整的细胞核，核膜使细胞核与细胞质明显区别开，这类微生物包括真菌、单细胞藻类和原生动物。藻类有光合色素，无机营养型；真菌无光合色素，有机营养型；原生动物则无细胞壁。真菌的细胞壁主要成分为几丁质，少数含有纤维素，无性或有性繁殖。真菌包括霉菌和酵母菌，也有分类方法把大型真菌、蕈子另归纳为一类。

第一节　霉菌的个体形态与繁殖

霉菌在自然界分布广泛，与人类生活和工农业生产关系密切，既能引起农副产品、食品、原料、器材和衣物等的霉烂变质，又与食品工业生产关系密切。酒、酱、醋等的制作，近代发酵工业生产有机酸、抗生素、维生素、酶制剂等都需要使用霉菌。

一、霉菌的形态与结构

霉菌的形态比细菌复杂，构成霉菌个体的基本单位是菌丝。霉菌的孢子在适宜环境条件下萌发生出芽管，并逐渐延长成分枝丝状，称为菌丝（图2-1）。菌丝是一种管状的细丝，但比放线菌粗。大多无色透明，菌丝直径为 $3\sim10\mu m$，而其长度可无限延伸，很多菌丝相互交织在一起称菌丝体。菌丝分为无分隔与有分隔两种。无分隔菌丝上下相通，菌丝中只进行核分裂，使细胞呈多核，所以通常认为是单细胞，只有在产生生殖器官或者受伤时，才产生隔膜；有分隔菌丝即为多细胞，在隔膜的中央有1个至多个小孔，使细胞间的原生质和营养物质得以彼此沟通，每个细胞只有1个细胞核，繁殖时既进行核分裂又进行细胞分裂。

霉菌的细胞结构由细胞壁、细胞质膜、细胞质、细胞核及各种内含物组成，幼龄细胞细胞质均匀，老龄细胞内常出现大的液泡，还有脂肪滴、肝糖、异染粒、线粒体、核糖体、内质网等物质。多数霉菌细胞壁含几丁质，少数种类（如水霉等）则含纤维素。

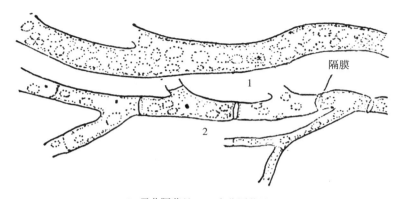

隔膜

1

2

1. 无分隔菌丝；2. 有分隔菌丝。

图 2-1　真菌的菌丝结构模式

霉菌菌丝分化为基质（内）菌丝和气生菌丝，基质菌丝伸入培养基内或紧贴培养基表面，有的种类霉菌的菌丝分化为假根（如根霉）和吸器（如霜霉菌）；还有一些种类在生长后期一部分营养菌丝集结成菌索、菌核；有些气生菌丝则可形成各种各样的繁殖体，如子座、子囊果、子囊盘等。

1. 假根

假根是根霉属匍匐枝与基质接触处分化出来的特有根状结构。

2. 吸器

吸器是专性寄生菌（如锈菌、霜霉菌、白粉菌等）菌丝上长出来的旁枝，侵入寄主细胞内分化成指状、球状或丝状，用以吸收寄主细胞内的养分（图 2-2）。

3. 附着胞

许多寄生菌在其芽管或菌丝顶端发生膨大并分泌黏状物，借以牢固地黏附在寄主表面，再形成纤细的针状感染菌丝，以侵入寄主的角质层吸取养分。

4. 菌核

菌核是一种休眠的菌丝组织，外层坚硬色深，内层疏松，大多呈白色（如茯苓、油菜菌核病的菌核）（图 2-3）。

5. 菌索

菌索是一种白色的根状组织，多种伞菌如假蜜环菌等有根状菌索，借以促进菌体蔓延和抵御不良环境。

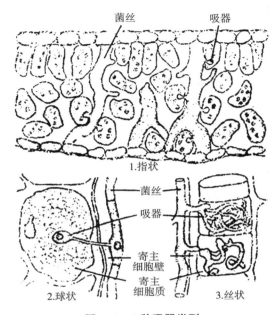

图 2-2　3 种吸器类型

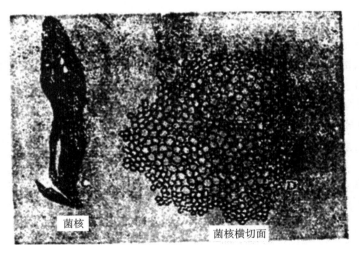

图 2-3　真菌菌核

二、霉菌的菌落

霉菌在自然基质或人工培养基上，由一段菌丝（或一丛）或一个（一堆）孢子发展成为菌丝体的整体称菌落。菌落的表面可有各种不同颜色，有些色素可渗入培养基中，菌落质地较疏松，可与培养基粘贴紧密，呈棉絮状、绒毛状等。菌落外观较大，圆形，有时呈同心圆，也有的可无限扩散蔓延。

三、霉菌的繁殖

霉菌的繁殖是通过无性繁殖或有性繁殖的方式来进行的。尽管霉菌的菌丝体上任何一部分的菌丝碎片都能长成新个体，但主要还是通过形成无性或有性孢子来繁殖的。孢子有有性孢子和无性孢子两种类型。无性孢子由单一细胞分化形成，每个孢子能直接萌发为一个新菌丝体；有性孢子多数是通过特殊分化的两个性细胞（配子）的结合产生双倍体，再减数分裂为单倍体，世代交替完成有性繁殖。少数霉菌的营养菌丝也可以接合形成有性孢子，再萌发为一个新个体。

（一）无性繁殖

霉菌能以营养细胞增殖，每段菌丝都可发育为一个新的菌丝体，更主要是以各种无性孢子进行繁殖。

1. 孢子囊孢子

气生菌丝的一部分分化为繁殖菌丝并形成孢子囊梗，孢子囊梗的顶端膨大形成孢子囊，孢子囊内产生很多孢子称孢子囊孢子。孢子囊孢子有两种类型：①孢子囊孢子一端具有 1~2 根鞭毛，可以游动，称游动孢子囊孢子，如绵腐、绵霉（卵菌类）等；②孢子囊孢子无鞭毛，不运动，如根霉、毛霉（接合菌类）等。

2. 分生孢子

由气生菌丝的顶端或菌丝分化为分生孢子梗，分生孢子梗顶端生出的无性孢子即为分生孢子。分生孢子有单生、成串、簇生或成片等形式，单细胞或多细胞，圆形、椭圆形、镰刀形等。如子囊菌纲、半知菌类等的无性孢子都属这个类型。分生孢子着生于已分化的分生孢子梗或具有一定形状的小梗上，也有些霉菌如曲霉的分生孢子着生于菌丝的顶端，分生孢子梗不分枝，无分隔，顶端膨大呈球状，四周着生小梗作辐射状排列，有的菌种的小梗再生二级或三级小梗，每小梗上生成串的分生孢子（图2-4）；青霉的分生孢子梗则有分隔，并有二层或三层对称或不对称分枝，排列成扫帚状，顶端小梗着生一串圆形分生孢子（图2-5和图2-6）。

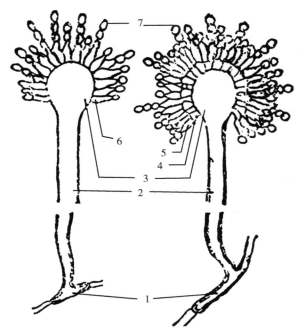

1. 足细胞；2. 分生孢子梗；3. 顶囊；4. 初生小梗；
5. 次生小梗；6. 小梗；7. 分生孢子。

图2-4 曲霉各部位示意

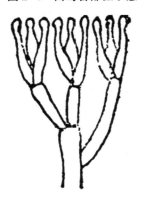

图2-5 青霉的帚状分生孢子梗

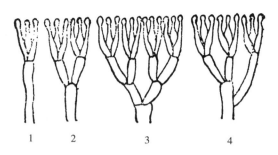

1. 一轮青霉；2. 二轮青霉；3. 多轮青霉；4. 不对称青霉。

图 2-6　青霉分生孢子梗的不同类型

3. 节孢子

某些霉菌菌丝生长到一定阶段，菌丝上形成很多隔膜，而后自横隔处断裂成许多竹节似的孢子，成串，链状排列，如卵孢霉（*Oospora*）、白地霉等在陈旧的培养基中常出现这样的孢子（也称粉孢子）。

4. 厚垣孢子

有些霉菌在菌丝的中间或顶端发生局部的细胞质浓缩和细胞壁加厚，最后形成一个厚壁的休眠体，称为厚垣孢子，如镰孢霉属（*Fusarium*）、总状毛霉（*Mucor racemosus*）等都会形成厚垣孢子。

（二）有性繁殖

真菌的有性繁殖明显而且比较复杂，有性繁殖是通过两个性细胞的配合（质配和核配）和分裂后形成一定形状的孢子来实现的。有性孢子有同型配偶（如接合孢子）和异型配偶（卵孢子）、同宗配偶和异宗配偶。有性孢子的细胞核为双倍体，孢子萌发时经减数分裂发育为新的菌丝体（其核为单倍体）。有性孢子有 4 种类型。

1. 接合孢子

由两个同形的配子结合后形成的有性孢子称接合孢子，如根霉、毛霉等（图 2-7）。

有性接合过程：

菌丝体$\begin{cases}菌丝（+）—配子囊（+）\\菌丝（-）—配子囊（-）\end{cases}$接合孢子$\xrightarrow{萌发}$新菌丝体—孢囊梗—孢子囊—孢囊孢子—菌丝—菌丝体。

2. 卵孢子

由相邻菌丝顶端两个形状、大小不同，性别不同的配子囊结合后发育而

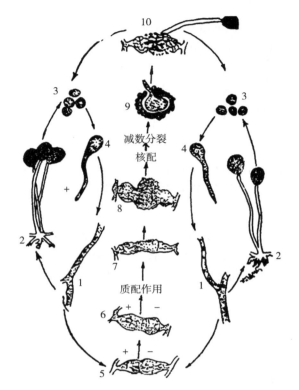

1. 菌丝；2. 假根、孢子囊梗和孢子囊；3. 孢子囊孢子；4. 萌发；

5~8. 接合孢子形成；9. 萌发；10. 芽生孢子囊。

图 2-7　黑根霉的生活史

成，小型配子囊称为雄器，大型配子囊称为藏卵器（图 2-8）。藏卵器在与雄器配合前，其原生质收缩成一个或数个原生质团（卵球），雄器中的细胞质和细胞核通过受精管进入藏卵器与卵球结合，卵球生出外壁，即为卵孢子，如绵霉属（*Achlya*）。

菌丝体 $\begin{cases} \text{小配子囊（雄器）—精子} \\ \text{大配子囊（藏卵器）—卵子} \end{cases}$ 卵孢子 $\xrightarrow{\text{萌发}}$ 菌丝—孢囊梗—孢子囊—游动孢囊孢子—新菌丝体。

3. 子囊孢子

子囊孢子是子囊菌亚门的有性孢子，它发生在子囊中，子囊是一种囊状物结构，有球形、棒形或圆筒形，子囊中通常形成 1~8 个子囊孢子，典型的子囊菌为 8 个子囊孢子。其形成方式很不一致，比较简单的方式是两个营

— 32 —

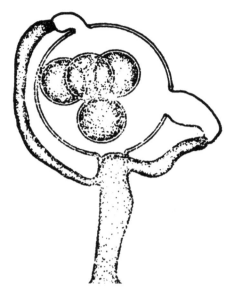

图 2-8　总状绵霉（*Achlya racemosa*）的藏卵器、雄器和卵孢子

养细胞结合后经质配、核配形成一个二倍体细胞，这个细胞在一定条件下，经 2~3 次分裂（其中一次是减数分裂），形成 4~8 个子囊孢子（如啤酒酵母 *Saccharomyces cerevisiae*）。高等子囊菌形成子囊的两性细胞，多半已有分化，因而有形态上的区别。雌性者称产囊器，形较大，由 1 个或 1 个以上细胞构成，其顶端有受精丝，受精丝成为长形细胞或为丝，雄性者称雄器，一般较小，两性器官接触后，雄器中的细胞质和核通过受精丝而进入产囊器，在产囊器上形成许多产囊丝，产囊丝顶端细胞伸长并弯曲成产囊丝钩，而后形成囊状子囊母细胞，子囊母细胞再发育成子囊，在子囊内形成单倍体的子囊孢子。原来雌器和雄器下的细胞产生许多菌丝，它们有规律地将产囊丝包围住形成子囊果，子囊果有 3 种类型，即闭囊壳、子囊壳、子囊盘（如链孢霉属 *Neurospora*）。

4. 担孢子

担孢子是担子菌亚门的独有特征，它是一种外生孢子，由担子发育而来，担子是由处在子实层的双核菌丝的顶端细胞（原担子）膨大而成，原担子细胞内的核先融合形成二倍体的合子，再经两次分裂，其中一次为减数分裂，产生 4 个单倍体的核，4 个核分别进入担子顶端的小梗内发育成为 4 个担孢子（图2-9），如银耳、猴头等。

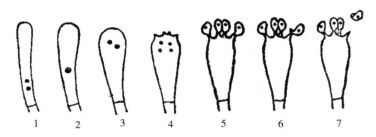

图 2-9　担子形成的连续阶段和担孢子的释放

（三）霉菌的有性繁殖过程

霉菌的有性繁殖过程一般分为质配、核配和减数分裂 3 个阶段。

1. 质配

两个配偶细胞的原生质和细胞核结合在同一个细胞中，但两个核不立即结合，每个核的染色体数目仍为单倍体。

2. 核配

两个不同性别来源的核结合成一个细胞核，这时细胞核中的染色体数为双倍体。

3. 减数分裂

核配后经一定的发育阶段，具有双倍体核，经过减数分裂，使细胞核中的染色体数目又恢复到原来的数目（单倍体）。

形成有性孢子有两种方式。①经核配后含有双倍体的细胞核的细胞直接发育成有性孢子，这种有性孢子为双核倍体，它是在萌发为新菌丝时才进行减数分裂，如卵菌亚门和接合菌亚门。②核配后双倍体细胞核就进行减数分裂，然后再形成有性孢子，其有性孢子为单倍体染色体，如子囊菌亚门和担子菌亚门。

四、食品中常见的霉菌

1. 毛霉属（*Mucor*）

菌丝绒毛状，为无分隔的单细胞，菌丝体可以在基质上和基质内广泛蔓延，无假根和匍匐枝，含有多个核，以菌丝和孢子囊孢子进行无性繁殖。顶生孢子囊的孢囊梗多数呈丛生状，分枝或不分枝。孢囊梗伸入孢子囊部分称中轴，孢囊孢子为球形或椭圆形。有性繁殖形成接合孢子。有些毛霉具有强分解蛋白质的能力，并产生芳香及鲜味，用于制造腐乳；有些种类具有较强的糖化力，可用于酒精和有机酸工业原料的糖化和发酵。常发现在果蔬、果酱、糕点、乳制品、肉类等上面，引起食品变质败坏，如鲁氏毛霉（*Mucor rouxianus*）。

2. 根霉属（*Rhizopus*）

根霉的形态结构与毛霉相似，菌丝分枝，细胞内无分隔，菌丝能伸入培养基内长成分枝的假根，连接假根匍匐生长于培养基表面的菌丝称匍匐菌丝，从假根着生处向上丛生直立的不分枝孢子囊梗，孢子囊梗的顶端膨大形成圆形的孢子囊，孢子囊内产生大量孢子囊孢子。能产生糖化酶使淀粉转化为糖，常用于酿酒，并是甾体激素、延胡索酸和酶制剂的应用菌。常会引起粮食及其复制品霉变，如米曲根霉（*Rhizopus oryzae*）。

3. 曲霉属（*Aspergillus*）

菌丝为有分隔的多细胞，菌丝常有多种颜色，无假根，附着在培养基表面的菌丝分化为具有厚壁的足细胞，足细胞上形成直立的分生孢子梗，梗的顶端膨大成为顶囊，在顶囊的表面生出辐射状排列的一层或两层小梗，小梗顶端产生一串分生孢子。以分生孢子进行无性繁殖，分生孢子的形状、颜色、大小因不同种类而异，属半知菌类，曲霉属能产生糖化酶和蛋白酶，常作为糖化菌用于制药、酿造、分解有机质和蛋白质能力强，并能引起食品霉变和产生黄曲霉毒素。它们广泛分布于糕点、水果、蔬菜、肉类、谷物和各种有机物品上。

4. 青霉属（*Penicillium*）

菌丝体由分枝多有分隔的菌丝组成，菌丝可分化发育为具有横隔的分生孢子梗，分生孢子梗的顶端不膨大，顶端轮生小梗（或多级小梗）成扫帚状，每个小梗顶端产生成串的分生孢子，分生孢子因种类不同可产生青色、灰绿色、黄褐色等颜色。未发现有性世代，能生长于各种食品上，引起食品和原料变质。某些菌种可制取抗生素，如点青霉（*Penicillium notatum*）。

5. 木霉属（*Trichoderma*）

菌丝内有横隔，菌丝生长初期为白色，分生孢子梗直立，菌丝与主梗几乎成直角，分枝多不规则或轮生，分枝上又可继续分枝，形成二级、三级分枝，分枝的末端称小梗，小梗上长出的分生孢子常丛生，并借其黏液集合成球形。有些种类能产生很强的纤维素酶，可用于纤维素下脚料制糖、淀粉加工、食品加工和饲料发酵（如绿色木霉 *Trichoderma viride*）。木霉可引起谷物、水果、蔬菜霉变，同时也可使木材、皮革、纤维品霉变，在自然界分布广泛。

6. 交链孢霉属（*Alternaria*）

菌丝有横隔，匍匐生长，分生孢子梗较短、单生或成簇，大多数不分枝，分生孢子梗顶端生分生孢子呈桑椹状，也有椭圆和卵圆形，有纵横隔膜似砌砖状，顶端延长成喙状（图2-10）。孢子褐色到暗褐色，孢子常数个连接成链。广泛分布于土壤、有机物、食品和空气中。有些种类是植物病原菌；有些可引起果蔬食品的变质；有些用于生产蛋白酶或转化甾体化合物。

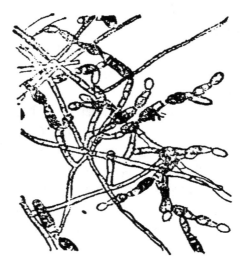

图2-10　交链孢霉（*Alternaria circinans*）的分生孢子梗和分生孢子

7. 葡萄孢霉属（*Botrytis*）

菌丝中有横隔匍匐状分枝，分生孢子梗自菌丝上直立生出，细长，呈树枝状分枝，顶端常膨大，在短的小梗上簇生分生孢子如葡萄状，分生孢子单细胞、卵圆形。常产生外形不规则暗褐色菌核。广泛分布于土壤、谷物、有机残体和草食性动物的消化道中。有些种类是植物的病原菌，可引起果蔬败坏。本属菌有很强的纤维素酶，如灰色葡萄孢霉（*Botrytis cinerea*）。

8. 芽枝霉属（*Cladosporium*）

芽枝霉属又称枝孢霉属（图2-11），菌丝有分隔，橄榄色，自菌丝上长出的分生孢子梗几乎直立且分枝，分生孢子从分生孢子梗顶端芽生而出，形成树枝状短链，分生孢子呈球形或卵圆形，初生为单细胞，老后产生分隔。本属菌可引起食品霉变，并能危害纺织品、皮革、纸张和橡胶等物品，如蜡叶芽枝霉（*Cladosporium herbarum*）。

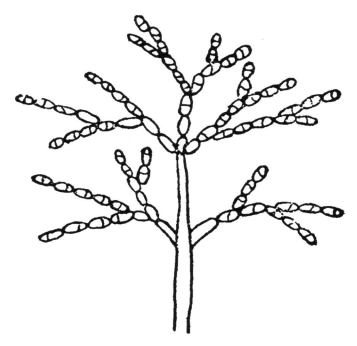

图2-11　芽枝霉（*Cladosporium*）的分生孢子梗和分生孢子结构模式

9. 镰孢霉属（*Fusarium*）

菌丝有分隔，气生菌丝发达，分生孢子梗和分生孢子从气生菌丝生出。也可以由培养基内营养菌丝直接生出黏分生孢子团，内有大量分生孢子。分生孢子有大小两种形状，大型似镰刀状有3~5个隔，少数球形、柠檬形；小型大多数为单细胞，少数有1~3个隔，分生孢子群集时呈黄色、红色或橙红色。本属有些种类能形成菌核。本属菌可引起谷物和果蔬霉变，有些种是植物病原菌；有些种产生毒素引起人和动物中毒，如禾谷镰孢霉（*Fusarium graminarum*）；还有些种会产生赤霉素。

10. 地霉属（*Geotrichum*）

菌丝分隔，白色，菌丝进入成熟阶段即断裂为酵母状裂生孢子，裂生孢子可产生各种颜色，如白色等。本属常见于酸泡菜、有机肥、腐烂果蔬及植物残体上。可引起果蔬腐烂。其菌体含有丰富营养成分，供食用及饲料用，如白地霉（图2-12）。

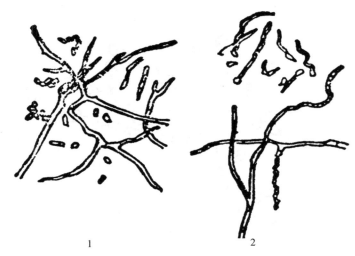

1. 菌丝和节孢子；2. 悬滴培养下节孢子发芽成菌丝（上）及菌丝断裂成节孢子（下）。

图2-12　白地霉（*Geotrichum candidum*）

11. 链（脉）孢霉属（*Neurospora*）

菌丝有分隔，菌丝上形成有分枝及有分隔的分生孢子梗，产生成串分生孢子（单细胞），卵圆或椭圆形，营出芽生殖，分生孢子群集时呈粉红色或橙黄色。菌体富含蛋白质和胡萝卜素，可引起面包、面制品霉变，如谷物链孢霉（*Neurosporu sitophila*）。

12. 复端孢霉属（*Cephalothecium*）

菌丝有隔，分生孢子梗单生、直立、不分枝，分生孢子顶生，有分隔，单独存在或呈链状，分生孢子为洋梨形的双细胞，呈粉红色。本属菌能使果蔬、粮食霉变，如粉红复端孢霉（*Cephalothecium roseum*）。

13. 枝霉属（*Thamidium*）

菌丝初生无隔，老化后分隔，菌丝分枝多，孢囊梗从菌丝上生出，孢子囊梗可同时生有大型孢子囊（及囊轴）和小型孢子囊（无囊轴），有性产接合孢子。本属菌常出现于冷藏肉中和腐败的蛋中，如美丽枝霉（*Thamidium elegans*）。

14. 分枝孢属或称侧孢霉属（*Sporotrichum*）

菌丝分隔，分生孢子梗有分枝，分生孢子梗顶端生出分生孢子，分生孢子单细胞，卵圆形或梨形，菌落奶油色，本属菌常出现于冷藏肉上，形成白色斑点，如肉色分枝孢霉（*Sporotrichum carnis*）。

15. 红曲霉属（*Monascus*）

菌落初为白色，老熟后变成粉红色，菌落红色至红褐色。菌丝有分隔、多核、分枝繁多，菌丝体不产生与营养菌丝有区别的分生孢子梗。分生孢子着生在菌丝及其分枝的顶端，单生或成链，形成的闭囊壳球形、有柄，形成子囊球形，内含 8 个子囊孢子。红曲霉能产生红色色素及淀粉酶、麦芽糖酶、蛋白酶等，广泛应用于食品工业中的酿酒、制醋、制红腐乳，以及作为食品的染色剂和调味剂。

第二节　酵母菌的形态与繁殖

酵母菌是一群无分类学意义的非丝状（酵母状）真菌，由于它们具有相似的个体形态结构和培养特征等而归并在一起形成酵母菌群。包括产生子囊孢子近圆形的单细胞酵母；进行多边芽殖，产生假菌丝的假丝酵母和无假菌丝或仅有原始形式假菌丝进行多边芽殖，无子囊孢子、冬孢子的球拟酵母和产掷孢子的掷孢酵母。在分类上分属于子囊菌亚门、担子菌亚门和半知菌亚门。

酵母菌广泛存在于自然界中，种类繁多，已描述的有 370 多种，它是人类应用较早和较重要的一类微生物。酵母菌主要用于面包发酵、酿酒、制酒精等方面，同时由于酵母菌体含有大量的蛋白质和丰富的 B 族维生素、脂肪及各种酶类等，而被用来生产单细胞蛋白，供食用、药用或作为饲料。但也有些种类是发酵工业上的重要污染菌，并能引起果汁、果酱、蜂蜜、酒类、肉类等食品变质。

一、酵母菌的形态

1. 个体形态

酵母菌的个体为单细胞，无鞭毛、不能运动，基本形态有卵圆形、长圆形、圆柱形、柠檬形、香肠形。其形态因菌种、生活环境和培养时间等条件不同而异。某些菌种在特殊情况下，如在陈旧培养基上菌体会互相连接并延长为假菌丝。其个体比细菌大，菌体大小因培养基成分不同、菌龄长短、培养时间不同而异，一般宽为 $1\sim5\mu m$，长为 $8\sim30\mu m$。

2. 菌落特征

酵母菌落形态与细菌菌落相似，但一般较大，在固体培养基上酵母菌形成的菌落湿润、黏稠，呈蜡白色或粉红色，易挑取，培养长时间后，菌落表面呈皱缩状。有些种类在液体培养基中表面能形成一层薄膜；或在容器壁上出现酵母环；有的则在底部发生沉淀。

二、酵母菌的结构

酵母菌的细胞结构与其他真核生物基本相同，具有典型的真核细胞结构，由细胞壁、细胞质膜、细胞质、细胞核及内含物等构成。最外层为细胞壁，较厚但不及细菌的壁坚韧，主要化学成分：葡聚糖（30%~34%）、甘露聚糖（30%）、蛋白质（6%~8%）及脂类（8.5%~13.5%），几丁质的含量因菌种不同而异，裂殖酵母一般不含几丁质，啤酒酵母含1%~2%，有的假丝酵母含量超过2%。紧接细胞壁的是细胞膜和细胞质，细胞膜具半透性，借以吸收营养物质和排除废物，它与细菌细胞膜不同，含有原核生物罕见的甾醇。与原核细胞最重要的区别在于细胞核，细胞核有核仁、核膜及染色体，核膜上有大量小孔，有附在核膜上的中心体（Centrosome），中心染色质（Centrochromatin）附在中心体外，有部分与核相接触。细胞质富含RNA、核糖体、内质网膜和线粒体（球状或杆状），线粒体在核膜及中心体表面，线粒体内具有由内膜折叠形成的嵴，是呼吸酶体系所在处。大多数椭圆形、圆形的酵母菌菌体只有一个液泡：长形的酵母菌有时具两个液泡。细胞老化后液泡中出现颗粒（异染颗粒）。内含物有肝糖粒和脂肪粒等颗粒贮藏物质，有些种类体内贮有大量蛋白、脂肪和多糖等物质。

三、酵母菌的繁殖

酵母菌有3种繁殖方式，即芽殖、裂殖和产生子囊孢子等，分为无性繁殖和有性繁殖两类。

1. 无性繁殖

芽殖是酵母菌无性繁殖最典型的方式，首先在酵母细胞的一端生一个小突起，状如出芽，此时细胞内也同时进行核分裂，使一个子核移入芽内，小芽体增大，子细胞与母细胞交接处形成新膜后，脱离母体成为新个体。但也有不脱落继续出芽或聚成芽簇；少数种类酵母菌无性繁殖是裂殖，能借细胞横分裂进行繁殖，即在细胞中间分裂成两个大小相似的细胞，快速生长时裂殖的子细胞暂时不分开形成短链，如裂殖酵母属（*Schizosaccharomyces*）。

2. 有性繁殖

某些酵母菌能进行有性繁殖，如酵母菌属的有性繁殖是产生子囊孢子，当两个性别不同的单倍体细胞接触后，接触处的细胞壁溶解形成接触孔，使两个细胞的原生质互相融合（质配）。两个细胞核再移向中间结合进行核配，形成一个二倍体的结合子细胞，而后二倍体核进行 1~3 次分裂，其中一次为减数分裂，形成 8 个子核，各子核形成子囊孢子（8 个），结合细胞即为 1 个子囊。但常因子核分裂退化，以致只形成 1~4 个子囊孢子（低级形式）。如啤酒酵母只形成 4 个子囊孢子。

四、食品中常见的酵母菌

1. 酵母菌属（*Saccharomyces*）

细胞圆形、卵圆形，常形成假菌丝，通常进行出芽及多极出芽繁殖，有性繁殖能产生 1~4 个子囊孢子。能发酵葡萄糖、蔗糖、半乳糖和棉子糖等多种糖类产生 CO_2 及乙醇（C_2H_5OH），但不发酵乳糖，可用于酿酒及面包发酵等。但也可引起果蔬、果酱等发酵变质，也能在酱油表面形成白色浮膜。如鲁氏酵母（*Saccharomyces rouxii*）、蜂蜜酵母（*Saccharomyces mellis*）、啤酒酵母（图 2-13）。

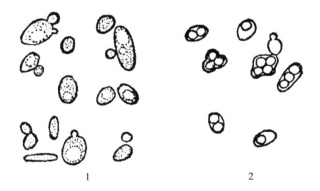

1. 细胞及出芽繁殖；2. 子囊孢子。

图 2-13　啤酒酵母（*Saccharomyces cerevisiae*）

2. 毕氏酵母属（*Pichia*）

细胞圆筒形，可形成假菌丝，孢子为球形或帽形，子囊内的子囊孢子数为 1~4 个，分解糖的能力弱，不产生乙醇，能氧化酒精。能耐高浓度酒精，常使酒类和酱油变质，并形成浮膜，如粉状毕氏酵母（*Pichia farinosa*）。

3. 汉逊氏酵母属（*Hansenula*）

细胞球形、卵形、圆柱形，常形成假菌丝，子囊孢子 1~4 个，孢子形状为帽形或球形，对糖有很强的发酵作用，主要产物是酯类而不是乙醇，在液体中可形成浮膜，常危害酒类和饮料，如异常汉逊氏酵母（*Hansenula anomala*）。

4. 假丝酵母属（*Candida*）

细胞球形或圆筒形有时连成假丝状，借多端出芽或分裂繁殖。对糖分解作用强，有些菌种能氧化有机酸，在液体表面常形成浮膜，如浮膜假丝酵母（*Candida mycoderma*）。

上述毕氏酵母属、汉逊氏酵母属和假丝酵母属 3 个属酵母都能利用烃类作为碳源，其菌体蛋白含量高达 60% 左右，蛋白质中含有大量赖氨酸，并含有较多的维生素和多种微量元素，已被用来作为饲料生产单细胞蛋白的菌种。

5. 红酵母属（*Rhodotorula*）

细胞球形、卵圆、圆筒形，借多端出芽繁殖，菌落特别黏稠，能产生赤色、橙色和灰黄色等色素，这属都具有积聚大量脂肪的能力，细胞内含脂量高达 60%，但蛋白质含量低于其他酵母。在食品上生长可形成赤色斑点，如黏红酵母（*Rhodotorula glutinis*）、胶红酵母（*Rhodotorula mucilaginosa*）。

6. 球拟酵母属（*Torulopsis*）

细胞呈球形、卵圆形、椭圆形，借多端出芽繁殖，能分解多种糖，具有耐高糖及耐高盐的特性，常见于蜜饯、蜂蜜、果汁、乳制品、鱼、贝类等食品中，是酿酒中的"野酵母"，如杆状球拟酵母（*Torulopsis bacillaris*）。本属某些种能用来生产甘油等。

7. 丝孢酵母属（*Trichosporon*）

细胞呈假丝状，能形成出芽孢子和节孢子，出芽孢子可连接成短链状或花轮状，也能产生厚垣孢子，对糖分解能力弱，在液体表面能产生浮膜，细胞内含有的脂肪量与红酵母相似，常发现于酿造品和冷藏肉中，如苗芽丝孢酵母（*Trichosporon pullulans*）。

第三节　真菌的分类

霉菌和酵母都属真菌，真菌的营养体和繁殖体的形态特征是分类的主要依据，现简要介绍两个经典的真菌分类系统。

一、史密斯（Smith）真菌分类系统

将真菌分为三纲一类。

A 菌丝无分隔，无性孢子形成孢囊孢子——藻状菌纲。

AA 菌丝有分隔，无性繁殖主要形成分生孢子。

B 有性生殖异型配偶，形成卵孢子，无性繁殖产生游动孢子——卵菌亚纲。

BB 有性生殖同型配偶，形成接合孢子，无性繁殖产生不游动的孢囊孢子——接合菌亚纲。

C 有性生殖形成子囊，子囊内产生子囊孢子；无性生殖产生分生孢子，分生孢子梗分散或聚生成分生孢子器或分生孢子盘——子囊菌纲。

CC 有性生殖产生担子，其上产生担孢子，通常不产生无性孢子——担子菌纲。

CCC 有性生殖未发现，无性生殖产生大量分生孢子，分生孢子器内生或散生——半知菌类。

二、安斯沃思（Ainsworth）真菌分类系统

提出将真菌分为 5 个亚门。

真菌界。

A 黏菌门。

AA 真菌门（Eumycota）：鞭毛菌亚门（Mastigomycotina），接合菌亚门（Zygomycotina），子囊菌亚门（Ascomycotina），担子菌亚门（Basidiomycotina），半知菌亚门（Deuteromycotina）。

酵母菌不是分类学上的名词，它是以芽殖为主、结构简单的一类真菌。酵母的分类以罗德（Lodder）的分类系统较为全面和实用，1970 年他将酵母归为 39 个属 370 多种。

第三章　非细胞生物

第一节　病　毒

病毒是目前知道的各种生物中最小的生物类群，其个体一般都在 0.2μm 以下，通常用纳米（nm）表示。病毒的大小，用最好的光学显微镜也看不到其个体，所以称超显微镜微生物。同时又由于这类微生物能通过细菌过滤器，亦称过滤性病毒。它们没有细胞结构，没有细胞质、细胞膜、细胞核之分。

一、病毒的大小和形状

1. 病毒的大小

因种类不同而有很大差异，较大的病毒粒子如鹦鹉热病毒直径为 300nm。最小的病毒（如口蹄疫病毒）其粒子直径只有 20nm，大多数病毒的粒子直径在 150nm 以下。可通过过滤、电泳、超速离心以及电子显微镜直接观测。

2. 病毒的形状

病毒的外形有球形、卵圆形、砖形、杆形（丝状形及颗粒状等）见图3-1。

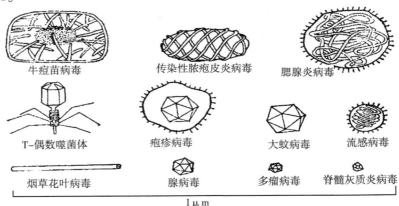

牛痘苗病毒　　　传染性脓疱皮炎病毒　　　腮腺炎病毒

T-偶数噬菌体　　　疱疹病毒　　　大蚊病毒　　流感病毒

烟草花叶病毒　　　腺病毒　　　多瘤病毒　　脊髓灰质炎病毒

1μm

图3-1　几种病毒的形状和大小

二、病毒的结构

病毒个体一般是由蛋白质和核酸构成的颗粒体，这种颗粒体称病毒粒子，少数大型的病毒除蛋白质和核酸外，还含有脂类和多糖（图3-2），病毒粒子的里面为核酸，外面为由壳粒（Capsomere）组成的壳体（Capsid），核酸与壳体（衣壳）组成核壳体（Nucleocapsid）（图3-3），有些大型病毒外面还有封套（或称被膜 Envelope），每个壳粒由 1～3 个同种的多肽组成，核壳体上不同部位的壳粒由不同的多肽组成，最简单的病毒粒子只由 1～2 种多肽组成，最复杂的可由 20 种以上的多肽组成。壳粒有两种排列方式，核酸为 DNA 者（球状）为立体对称二十面体排列，如腺病毒；核酸为 RNA 者（杆状）呈螺旋对称排列，如烟草花叶病毒。一般病毒只含一种核酸，DNA 或 RNA。植物病毒绝大多数含 RNA；动物病毒及噬菌体则有些含 DNA，有些含 RNA。病毒的 DNA 或 RNA，有些为双链，有些为单链，一般含 DNA 的双链多，含 RNA 的则单链多。例如，水稻矮缩病毒，其分子量 200 万～2 亿 Da（道尔顿）。病毒的复制必须在活体细胞中进行。

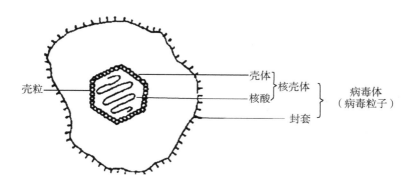

病毒粒子 { 核衣壳（基本结构）{ 核心：由 DNA 或 RNA 构成
                                衣壳：由许多衣壳粒蛋白构成
              包膜（非基本结构）：由类脂或脂蛋白构成

图 3-2 病毒结构示意

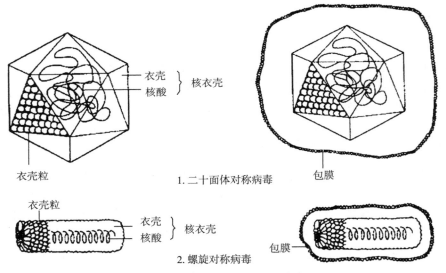

图 3-3　病毒粒子的结构模式

三、病毒的基本特点

病毒个体比其他微生物都小，用普通光学显微镜看不到。

结构简单，没有细胞结构，更没有细胞器，只有简单蛋白质围着核酸组成，没有完整的酶系统，只有少数必要的酶。

具有严格的寄生性和寄生专一性，不能在无生命的培养基上生长，必须进入合适的活体，依赖寄主细胞供给的酶类、能量和养料才能增殖（称复制）。

具有特殊的抗力。对于干扰微生物代谢过程而影响微生物结构和功能的抗生素有明显的抵抗力，对甘油亦具有明显的耐受力，但干扰素可阻止病毒发育成熟。病毒在寄主外时，其感染寄主的潜在能力很容易变性失活，它对温度很敏感，在 55~60℃条件下，病毒悬液在几分钟内就变性，病毒悬液在 4℃条件下通常可保持 1d 左右，在 20℃条件下保持 1h 左右，在-70℃条件可以保存几个月。X 射线、γ 射线及紫外线照射都能使病毒变性失活，带封套的病毒容易被脂肪溶剂破坏，无封套的病毒对多种常用消毒剂的抗性较强，常用甲醛（CH_2O）来消毒污染了病毒的器具和空气。

四、亚病毒

1. 类病毒

类病毒是 1922 年在美国发现的，其个体比病毒还小的生物称类病毒，其分子量只有 7.5 万~10 万 Da，它们只含有 RNA 成分，而没有壳体蛋白成分，其形状呈棍棒状，由 359 个核苷酸组成一个共价闭环的 RNA。有几种植物病害是类病毒引起的，如马铃薯纺锤病。

2. 拟病毒

拟病毒是一类包裹在植物病毒粒子衣壳内的类似于类病毒的新型 RNA 分子，它们必须与病毒粒子的 RNA 合在一起才能感染和复制。

3. 朊病毒

朊病毒是一类能侵染并在宿主细胞内复制的小分子无免疫性的疏水蛋白质。

第二节　噬菌体

寄生于细菌和放线菌的病毒称噬菌体。1915 年陶尔德（Twort，英国）发现葡萄球菌菌落上出现透明斑，将其接触另一菌落又会使菌落出现透明斑。1917 年第赫兰尔（d'Herelle，法国）在巴斯德研究所也观察到痢疾杆菌的新鲜液体培养物能被加入的某种污水的无细菌滤液溶解，使浑浊的培养液澄清，他断定痢疾杆菌被一种更微小的生物溶解了，并把这种生物称为噬菌体。

一、噬菌体（Bacteriophage 或 Phage）的基本形态

噬菌体有 3 种类型，即蝌蚪形、球形和丝状。

二、噬菌体的结构

从结构来看有 6 种不同类型：多面体壳体，有可收缩的尾部；多面体壳体有不能收缩的尾部；无尾的二十面体壳体，有顶部壳粒，含类脂；无尾的二十面体壳体，有顶部壳粒，无类脂；无尾的二十面体壳体，无顶部壳粒；丝状壳体。

以大肠杆菌噬菌体 T_2 为例（图 3-4）由多面体壳体的头部和一个可收

缩的尾部组成，头部内含双链 DNA，外围呈二十面体的立体对称。尾部包括颈部、中空的尾髓、可伸缩的尾鞘、基板、尾钉和 6 根尾丝。

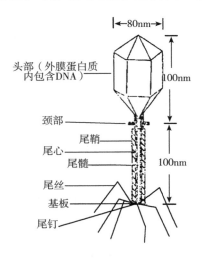

图 3-4 大肠杆菌噬菌体 T_2 结构示意

　　噬菌体主要由核酸和蛋白质构成，核酸为双股 DNA 或 RNA，尾部主要由蛋白质组成。

　　噬菌体侵染寄主同样有高度的专一性，它只对某一种或某一型微生物有作用，而对其他的种或型无作用，可用于诊断各个种和型噬菌体。噬菌体感染细胞有两种情况：一种是侵染后潜伏于寄主细胞内不繁殖，其核酸整合到寄主细胞核酸染色体一定位置上，随着寄主细胞的生长而传下去，这种噬菌体称温和噬菌体；另一种噬菌体是侵入寄主细胞后大量繁殖（复制），影响寄主细胞的一切生理代谢活动，形成子代噬菌体，到一定程度后，寄主细胞破裂使子代噬菌体大量释放出来，称烈性噬菌体。

三、烈性噬菌体侵染寄主的过程

　　烈性噬菌体侵染寄主的过程可分为 5 个阶段（图 3-5 和图 3-6）。

　　1. 吸附

　　噬菌体与敏感的寄主细胞接触后，在寄主细胞特异的受点上结合，并以尾部末端的尾钉吸附在寄主细胞的受点上，尾丝附着于受点的周围。一种细胞可为多种噬菌体感染，不同噬菌体在寄主细胞上的受点不一样，寄主细胞

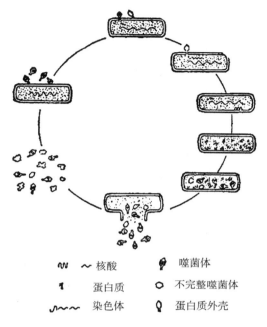

ᔎᔎ	～核酸	📍	噬菌体
❚	蛋白质	○	不完整噬菌体
ᨒᨒ	染色体	📍	蛋白质外壳

图 3-5　噬菌体侵染过程示意

为某一种噬菌体饱和吸附后不妨碍其他种噬菌体的侵染。环境条件影响噬菌体对寄主细胞的吸附，如二价阳离子促进吸附，三价阳离子则抑制吸附；温度、pH 值也会影响吸附，pH 值为 7 最适宜，pH 值为 5 或 pH 值为 10 则吸附力极弱。有的吸附在细胞表面，有的在鞭毛或菌毛上。

2. 侵入

噬菌体通过吸附在寄主细胞的受点后，噬菌体尾部的酶水解肽聚糖，使细胞壁形成一小孔，通过其尾鞘的伸缩插入受点，再通过尾髓将头部的 DNA 注入寄主细胞内，而头部的蛋白质仍留在寄主细胞外面，从吸附到侵入只需几秒至几分钟。

3. 复制

噬菌体进入细胞后，引起寄主细胞代谢发生改变，细胞核立即被破坏，寄主细胞的生物合成不再受本身支配，而受进入的病毒的遗传信息所控制。噬菌体利用寄主细胞的合成机构，如核糖体、tRNA、酶及 ATP 等来复制核酸，这种核酸称营养期噬菌体。此时看不到病毒粒子，也称潜育期。

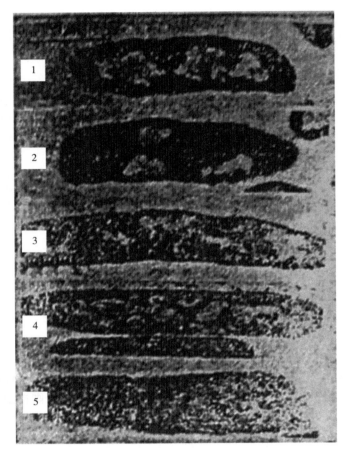

1. 未感染的细胞；2. 侵染 4min 后的菌体，
注意含 DNA 区（细胞内光亮部分）的变化；3. 侵染 10min 后的菌体；
4. 侵染 12min 后，新噬菌体（黑点）在含 DNA 区开始出现；
5. 侵染 30min 后，新噬菌体明显出现。

图 3-6　噬菌体侵染细菌的电镜图像

4. 粒子成熟

在复制核酸的同时，也大量合成病毒蛋白，构成壳体，然后二者装配（聚集）成新的病毒粒子。

5. 寄主细胞的裂解与释放

噬菌体（病毒）粒子成熟后即引起寄主细胞裂解，病毒粒子从寄主细胞释放出来，每个寄主细胞可释放 100~1 000 个噬菌体粒子，一般为 100~

150 个粒子。

四、溶源性细胞

含有温和噬菌体的细胞称溶源性细胞，在溶源性细胞中的噬菌体称原噬菌体，在绝大多数情况下，溶源性细胞不发生裂解，只有极少数会发生裂解，原噬菌体可自发脱离寄主细胞的染色体进入营养期，繁殖复制成大量营养噬菌体核酸，并进而成熟为噬菌体粒子，使细胞裂解（图 3-7）。

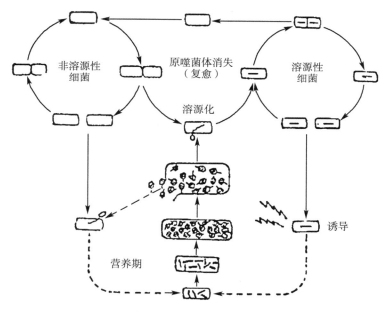

图 3-7　细菌细胞溶源性过程示意

用低剂量的紫外线或其他物理化学方法处理，能诱发溶源性细胞大量裂解，释放出噬菌体粒子，溶源性细胞也能使其中的原噬菌体消失，变成非溶源细胞而不诱发裂解，称溶源细胞的复愈。温和噬菌体毒性突变体与寄主的关系和裂性噬菌体一样。

λ 噬菌体是一种研究较深入的大肠杆菌温和噬菌体，λ 噬菌体的原噬菌体附着在寄主细胞染色体的特定位点上（在 Lac 位点附近），成为寄主细胞染色体的附加体，并随着寄主细胞的复制繁殖而传代。含有 λ 噬菌体的溶源细胞，对于 λ 噬菌体的毒性突变株侵入具有免疫性，也就是只对非溶源性细胞有毒性。

五、噬菌体的危害与应用

噬菌体在工业生产上有一定的危害性，工业生产上应用的菌种一旦被噬菌体污染，就会造成很大的损失，如制造干酪、酸乳用的乳酸杆菌、乳链球菌受到相应噬菌体的侵染，发酵作用就很快停止，不再积累发酵产物，使发酵作用被破坏，对发酵工业、制药工业等是一个很大的威胁。

噬菌体的噬菌作用具有专一性，利用这一特性可用于诊断细菌的种和型。例如，霍乱弧菌、金黄色葡萄球菌等细菌的菌种分型采用噬菌体检测有很高的特异性。噬菌体可以应用于医学治疗，例如，应用铜绿假单胞菌（*Pseudomonas aeruginosa*）噬菌体治疗铜绿假单胞菌感染的病人，也可以应用于遗传工程中，应用噬菌体作为载体，把某细胞中的 DNA 运送到另一个细胞中去，从而改变受体细胞的遗传特性。

第三节　病毒的分类

一、分类依据

病毒分布很广，几乎所有的生物包括微生物、各类植物、昆虫、鱼类、鸟类、哺乳动物及人类都可为病毒所感染而引起病害。同时由于其专性寄生性，因此在分类上最初侧重于宿主范围、病症及免疫性等，随着电子显微镜技术的发展和分离提纯病毒新方法的应用，逐渐转向对病毒本身的结构特征、化学组成的研究，使病毒的分类逐渐摆脱人为因素，朝着自然分类的方向前进。现在病毒的分类以病毒生化特性为依据，特别强调病毒核酸的结构，更能反映病毒的本质。

根据 1982 年发表的国际病毒分类委员会通过的第四个病毒分类方案，其分类依据包括病毒的宿主、引起的疾病、病毒粒子的形态与大小、核酸的种类、结构和 DNA 链或 RNA 链的股数以及病毒粒子有无囊膜等。其中主要以病毒核酸是 DNA 还是 RNA，病毒基因组是单一组分还是多组分体系以及病毒粒子有无囊膜等 3 个重要特征为基础，将目前所了解的病毒分成七大类，共 59 科（群或组）。

根据寄主范围可分为动物病毒、植物病毒和微生物病毒。动物病毒又分为脊椎动物病毒和无脊椎动物病毒。

二、主要病毒种类

1. 脊椎动物病毒

寄生在脊椎动物和人体细胞内，可以引起人和脊椎动物多种疾病，其危害性远远超过其他微生物引起的传染病，已发现脊椎动物病毒931种（1981年），人类病毒300多种（1984年）。

2. 无脊椎动物病毒

无脊椎动物尤以昆虫病毒最为重要，昆虫病毒侵染的主要寄主是鳞翅目和鞘翅目，这类病毒感染力强，侵染性专一，对人和动物安全，不污染环境，杀虫效果好。根据病毒包含体的有无及包含体在细胞中的位置、形状分为4类。①核型多角体病毒；②质型多角体病毒；③颗粒体病毒（包含体呈圆形、椭圆形颗粒状）；④无包含体病毒，病毒粒子球状，不形成包含体。这类病毒已发现1 671种（1990年）。

3. 植物病毒

植物病毒是所有病毒中结构最简单的类群，主要根据诱发疾病的症状和寄主范围来分类。这类病毒已发现600多种。

4. 细菌病毒

细菌病毒主要侵染细菌、放线菌，近来也发现侵染酵母菌、霉菌、藻类。已做过电子显微镜观察的噬菌体就达2 850种（1987年）。

第四章　微生物的营养与培养基

第一节　微生物细胞的化学组成

分析微生物细胞的化学组成是了解微生物营养要求的物质基础。据分析，微生物细胞的化学组成与其他生物的化学组成类似，主要由碳、氢、氧、氮、磷、硫、钾、钙、镁、铁以及其他微量元素组成。这些元素构成微生物细胞的有机物和无机成分，主要是水分、碳水化合物、蛋白质、脂肪、核酸和无机盐类等。

一、水分

水分是各种微生物细胞的主要成分，一般含量为 70%~90%，含水量随着微生物的种类不同而异，见表 4-1。

表 4-1　不同微生物类群的含水量

微生物类群	含水量（%）
细菌	75~85
酵母菌	70~85
丝状真菌	85~90
细菌的芽孢	40
霉菌的孢子	38

二、干物质

干物质约占细胞总重量的 5%~30%，其中 90%左右的干物质是有机物，10%左右是无机物。包括蛋白质、碳水化合物、脂类和矿物盐等，干物质中就其元素组成来说，碳、氢、氧、氮占 90%~97%，其余 3%~10%为矿质元素，矿质元素中磷含量最多，约占全部灰分的 50%。其次为钾、镁、钙、硫、钠等，尚有含量极微的铁、铜、锰、硼、钼、硅等微量元素，它们在各种微生物的生命活动中也是必不可少的。

但一类微生物细胞的化学组成并不是绝对不变的，往往因菌龄不同、培养条件改变而不同。如处于幼龄或生长在含氮较多的条件下，比起老龄的或生长在氮源较少条件下的含氮量高。矿质元素含量亦随种类、生理特性、环境条件的不同而有很大的差异。

1. 蛋白质

蛋白质是细胞干物质的主要成分，分布在细胞壁（肽聚糖）、细胞膜（膜蛋白）细胞质、细胞核等细胞结构中，含量高达 80%。

2. 碳水化合物

微生物细胞中含有单糖、双糖和多糖，主要以多糖形式存在。单糖主要是己糖和戊糖，己糖是组成双糖和多糖的基本单位，戊糖是核糖的组成成分。多糖有荚膜多糖、纤维素、半纤维素、淀粉、糖原等不同种类。它们有的组成细胞结构如细胞壁；有的作为细胞的贮藏物质，如淀粉粒。

3. 核酸

核酸有两种即核糖核酸（RNA）和脱氧核糖核酸（DNA），RNA 主要存在于细胞质中，除少量以游离状态存在外，大多与蛋白质结合以核蛋白的形式存在，它的主要功能是为合成蛋白质提供模板、运输工具和合成场所。某些仅含 RNA 的病毒和类病毒，它们的感染力和遗传信息由 RNA 所决定。DNA 主要存在于细胞核（或原核）中，也有少量以质粒形式存在于细胞质中。它是生物遗传变异的物质基础，起着传递遗传变异信息的作用。细菌和酵母菌细胞中核酸的含量较霉菌高。在同一种微生物中，核酸的含量常随生长时期的变化而变化。而脱氧核糖核酸的含量则是恒定的，不受菌龄和一般外界因素的影响。

4. 脂质类

脂质类物质包括蜡质、磷脂、脂肪和固醇等，它们在细胞中或以游离状态存在，或与蛋白质等结合。如某些微生物的细胞壁含有蜡质；磷脂与蛋白质结合成为细胞膜的组成成分；脂肪常以油滴状出现在细胞质中作为贮藏物质；固醇在酵母细胞内含量较多，是维生素 D 的前体。

5. 维生素

有些微生物细胞内含有数量不等、种类不同的维生素，例如，阿斯毕假囊酵母（*Eremothecium ashbyii*）等细胞内含有较多的核黄素；丙酸杆菌属

（*Propionibacterium*）和放线菌菌丝内含有较多的维生素 B_{12}。

6. 无机盐类

灰分元素占细胞干重的 10% 左右，这些元素在细胞中除少数以游离状态存在外，大部分以无机盐形式存在或结合于有机物质中。

第二节 微生物的营养

一、微生物生命活动需要的营养物质

1. 微生物对水分的要求

微生物需要从环境中吸取大量的水分，才能吸收生境中的各种营养物质，维持其正常的生命活动。水分在细胞中的作用：①参与组成原生质的胶体系统；②是细胞进行各种生化反应的介质，也是基质的溶剂；③细胞自外界吸收营养物质及分泌代谢产物于体外都要以水为媒介；④维持细胞的膨压，使其保持一定的形状。

2. 微生物的碳素营养

凡是构成微生物细胞和代谢产物中的碳架来源的营养物质都称为碳源。它的功能是提供细胞物质及代谢产物的碳素来源和提供微生物生长发育过程中所需要的能量。微生物对碳素化合物的要求是极为广泛的，从简单的无机碳化物 CO_2 到复杂的自然有机碳化物，都能为不同微生物所利用。大多数细菌、放线菌和真菌，都能以有机物质为碳源。单糖、双糖、低级有机酸、醇和氨基酸都能为大多数微生物所利用；多糖、蛋白质、脂肪等则只有少数具有分解这些物质功能的微生物能利用；果胶、单宁、纤维素、蜡质、木质素以及碳氢化合物等，只有极少数微生物能分解利用。有的微生物能利用酚、氰化物等有毒物质，如诺卡氏菌，某些霉菌能消除氰化物，还有少数种类微生物能利用无机碳化物为唯一或主要碳源，如含有光合色素的蓝细菌、绿色硫细菌、紫色硫细菌和红螺菌（*Rhodospirillum molisch*），在光能下利用 CO_2 合成有机碳化物。有些微生物种类可利用 90 种以上的含碳化合物（如假单胞菌属），甲烷氧化菌则只能利用甲烷和甲醇两种有机碳化合物。

3. 微生物的氮素营养

氮是构成微生物细胞蛋白质和核酸的主要元素，存在于自然界的氮素有 4 种形态，即分子态氮、无机态氮、简单有机氮和复杂有机氮。这 4 种形态的氮，都能为不同的微生物所利用。大多数微生物能利用无机氮和简单有机氮，只有少数固氮微生物能利用分子态氮，这类微生物一般也能利用无机氮和简单有机氮。放线菌及真菌中有较多的种类能利用复杂有机氮化物。

无机氮中的铵态氮被微生物吸收后，在细胞内与有机酸化合成氨基酸；而硝态氮被吸收后，要先经体内的硝酸还原酶的作用，转化为氨态氮后，再进入氨基酸的合成过程；亚硝酸在低浓度时，可被一些微生物吸收利用，浓度稍高时，对微生物就产生毒害；简单有机氮被吸收后可直接被利用，或先分解为氨，再进入氨基酸合成作用。复杂有机氮必须先经胞外酶分解为简单氮化物，才能被吸收利用。

4. 微生物的矿质营养

无机盐类是微生物生长不可缺少的营养物质（表4-2），根据微生物对矿质元素需要量的大小，分为大量元素如硫、磷、钙、钾、镁、钠和微量元素如铜、锌、锰、钴、硼、钼等。硫是胱氨酸、蛋氨酸等的组成成分，硫胺素、生物素等一些维生素也含有硫，微生物从硫酸盐及有机硫化物获得硫；磷是微生物细胞合成核酸、核苷酸（核蛋白）、磷脂及其他磷化物的重要元素，也是许多重要辅酶（如辅酶Ⅰ、辅酶Ⅱ、辅酶A）及各种磷酸腺苷的组成成分，高能磷酸键在能量的贮存和传递中起重要作用，微生物从正磷酸盐及有机磷化合物中取得磷；镁是一些重要酶（己糖磷酸化酶、异柠檬酸脱氢酶、肽酶、羧化酶等）的活化剂，也是菌绿素的组分，它在细胞中具有稳定核糖体、细胞膜和核酸的作用；钾也是细胞中很多重要酶的活化剂，细胞原生质的胶体特性和细胞膜的透性与钾有关，它以磷酸钾及各种无机钾的状态供给微生物；铁是微生物细胞中一些氧化酶如过氧化氢酶、过氧化物酶、细胞色素氧化酶的组分，铁还影响某些细菌毒素的形成，如白喉杆菌在含铁多时不形成毒素，铁也是无机细菌的能源，微生物可从硫酸铁和其他铁盐中取得能量；钙是蛋白酶的活化剂，是细菌芽孢的重要组分，微生物可从各种水溶性钙盐中吸取。

微量元素（铜、锌、锰、钴、硼等）的极微量存在，往往能强烈刺激微生物的生命活动，参与各种酶的组成与活化酶，例如，铜是多酚氧化酶和乳糖酶的组分；锌是乙醇脱氢酶的成分；钼是硝酸还原酶和固氮酶的成分；钴是维生素 B_{12} 的组分；锌对某些酶有活化作用。

表 4-2　无机元素（除碳、氮外）的来源和功能

元素	人为提供形式	生理功能
磷（P）	KH_2PO_4、K_2HPO_4	核酸、磷酸和辅酶的成分
硫（S）	$MgSO_4$	含硫氨基酸（半胱氨酸、甲硫氨酸等）的成分，含硫维生素（生物素、硫胺素等）
钾（K）	KH_2PO_4、K_2HPO_4	某些酶（果糖激酶、磷酸丙酮酸转磷酸酶等）的辅因子；维持电位差和渗透压
钠（Na）	NaCl	维持渗透压；某些细菌和蓝细菌所需
钙（Ca）	$Ca(NO_3)_2$、$CaCl_2$	某些胞外酶的稳定剂、蛋白酶等的辅因子；细菌形成芽孢和某些真菌形成孢子所需
镁（Mg）	$MgSO_4$	固氮酶等的辅因子；叶绿素等的成分
铁（Fe）	$FeSO_4$	细胞色素的成分；合成叶绿素、白喉毒素和氯高铁血红素所需
锰（Mn）	$MnSO_4$	超氧化物歧化酶、氨肽酶和L-阿拉伯糖异构酶等的辅因子
铜（Cu）	$CuSO_4$	氧化酶、酪氨酸酶的辅因子
钴（Co）	$CoSO_4$	维生素复合物的成分；肽酶的辅因子
锌（Zn）	$ZnSO_4$	碱性磷酸酶以及多种脱氢酶、肽酶和脱羧酶的辅因子
钼（Mo）	$(NH_4)_6Mo_7O_{24}$	固氮酶和同化型及异化型硝酸盐还原酶的成分

5. 生长辅助物质

微生物除需要具有上述几方面的营养物质外，还需要各种生长辅助物质，目前已知的 20 多种维生素物质中，都是微生物所必需的（表 4-3）。微生物还需要氨基酸、嘌呤、嘧啶等有机物质，如每毫升只含 0.006μg 的生物素就能促进根瘤菌的生长。根据微生物对生长辅助物质的需要与否可分为 3 个类型。①不需要外源供给，如自养型及广泛分布的腐生细菌和霉菌，它们能自己合成这类物质供给本身代谢活动的需要。②缺乏自制一种或两种这类有机物质成分的能力，例如，金黄色葡萄球菌需要维生素 B_1，根瘤菌需要生物素；有些种类如供给所需维生素的前体，也能满足其要求，如布氏须霉（*Phycomyces blakesleeanus*）只供给嘧啶和噻唑，也能满足其对硫胺素的需要。③对多种维生素、氨基酸、碱基等都缺乏自制能力的微生物，例如，胚芽乳酸杆菌（*Lactobacillus plantarum*）需多种维生素、氨基酸和碱基，因此培养基中需要添加麦芽汁和酵母膏等营养物质。

表 4-3　几种维生素的生理功能

维生素	转移的对象	代谢功能
硫胺素（维生素 B_1）	乙醛基	焦磷酸硫胺素是脱羧酶、转醛酶、转酮酶的辅基，与 α-酮酸的氧化脱羧和酮基转移有关
核黄素（维生素 B_2）	氢、电子	黄素核苷酸是 FMN 和 FAD 的前体，它们构成黄素蛋白的辅基，转移氢
烟酸（维生素 B_5）	氢、电子	NAD 和 NADP 的前体，是脱氢酶的辅酶，参与递氢过程以及氧化还原反应
吡哆醇（维生素 B_6）	氨基	磷酸吡哆醛是氨基酸消旋酶的辅基，参与氨基酸的消旋、脱羧和转氨
泛酸	酰基	辅酶 A 的前体，乙酰载体的辅基，转移酰基，参与糖和脂肪酸的合成
叶酸	甲基	即辅酶 F（四氢叶酸），参与一碳基的转移，与合成嘌呤、嘧啶、核苷酸、丝氨酸和甲硫氨酸有关
生物素（维生素 B_7 或维生素 H）	羧基	各种羧化酶的辅基，在 CO_2 固定、氨基酸和脂肪酸合成及糖代谢中起作用
维生素 B_{12}	羧基、甲基	钴酰胺辅酶，参与一碳单位传递，与甲硫氨酸和胸苷酸的合成和异构化有关

二、微生物的营养类型

根据微生物所需要的碳源和能源不同，可将它们分为自养微生物和异养微生物两大类型，或称无机营养型和有机营养型，这两类微生物又按各自利用的能源不同而分为光能营养型和化能营养型。

1. 光能自养型（Photoautotrophs）

这类微生物能利用 CO_2 作为唯一或主要碳源和利用光能为生活所需的能源。这类微生物体内含有光合色素，能进行光合作用，以 H_2O、H_2S 等无机物为供氢体来还原 CO_2 合成细胞有机质，并伴随有硫元素的放出，这类微生物有藻类、蓝细菌、红色硫细菌、绿色硫细菌等少数微生物。由于它们有光合色素，因而能使光能转化为化学能（ATP）供有机体利用。

$$CO_2 + 2H_2S \rightarrow (CH_2O) + 2S + H_2O$$
$$CO_2 + H_2O \rightarrow (CH_2O) + O_2$$

2. 光能异养型（Photoheterotrophs）

这类微生物以日光为能源，以有机物质为供氢体，将 CO_2 还原成细胞有机物质，如红螺菌属能利用异丙醇为供氢体，使 CO_2 还原为有机物质，同时积累丙酮。

$$2(CH_3)_2CHOH+CO_2 \xrightarrow[\text{光合色素}]{\text{光能}} 2CH_3COCH_3+(CH_2O)+H_2O$$

这类微生物生长时大多需要外源生长因子。

3. 化能自养型（Chemautotrophs）

这类微生物的能源来自氧化无机物所产生的化学能，这类无机物如H_2S、$FeCO_3$、NH_3、NO_2 等。它们以 CO_2 或碳酸盐作为唯一碳源或主要碳源，利用电子供体 H_2、H_2S、Fe^{2+} 或 NO_2 等，将 CO_2 还原为细胞有机质，属于这类型的细菌有氢细菌、硫化细菌、亚硝化细菌、硝化细菌和铁细菌，在O_2 充足条件下，硫细菌及硫化细菌也进行化能自养生长。

绿色硫细菌　　$CO_2+2H_2S \rightarrow (CH_2O)+S+H_2O$

亚硝化细菌　　$2NH_3+2O_2 \rightarrow 2HNO_2+4H+化学能$

　　　　　　　$CO_2+4H \rightarrow (CH_2O)+H_2O$

铁细菌　　　　$2FeCO_3+3H_2O+O_2 \rightarrow 2Fe(OH)_2+2CO_2+化学能$

　　　　　　　$CO_2+H_2O \rightarrow (CH_2O)+O_2$

4. 化能异养型（Chemheterotrophs 或 Organtrophs）

这类微生物能以有机碳化物为碳源和能源，大多数细菌、真菌、放线菌都是化能异养型，有机碳化物包括糖类、脂肪、纤维素、蛋白质、有机酸、醇、醛、碳氢化合物等。它们都可作为各种微生物的碳源和能源，各种微生物的性能不同所能利用的有机碳化物也不同，某种有机物对一种微生物是营养物质，而对另一种微生物可能有害。如苯甲酸钠是固氮菌的碳源，对其他菌有抑制作用。葡萄糖、果糖、麦芽糖、蔗糖等是多数微生物都可以利用的营养物质。

化能异养型又可分为腐生型和寄生型。

（1）腐生型　能在死的有机物上生长的微生物称腐生微生物。

（2）寄生型　能在活的有机物上生长的微生物称寄生微生物。寄生又有专性寄生和兼性寄生之分，只能在一定寄生物体上营寄生生活的称专性寄生如病毒等；既能在活的有机体上生活，又能在无生命的有机体上生活称兼性寄生，如大肠杆菌、镰孢菌等。

上述 4 种营养型的划分不是绝对的，它们在不同条件下生长时，往往可以互相转变，在自养型与异养型之间，在光能与化能之间，往往有中间过渡型存在。例如，红螺菌在有光和无氧条件下，利用光能同化 CO_2，而在有氧和黑暗条件下，又可利用有机物氧化所释放的化学能推动代谢作用，紫色非硫细菌与红螺菌类似。异养型微生物也不是绝对不能利用 CO_2，只是它们不

能以 CO_2 为唯一碳源或主要碳源进行生长（如氢细菌），而是在有机物存在下也可利用 CO_2 还原为部分细胞物质。自养和异养也没有绝对的界限，例如，氢细菌便是典型兼性自养菌，在完全无机物的环境中利用氢的氧化获得能量，将 CO_2 还原为有机物质。当有有机物存在时，它们便直接利用有机物进行生活。

三、微生物对营养物质的吸收方式

微生物没有专门摄取营养物质的器官，各种营养物质进入细胞内，都是依赖于整个细胞表面的细胞膜的功能来进行的。细胞内的代谢终产物排出体外也同样经过细胞表面的细胞膜。生物吸收营养物质以及对各种营养物质的吸收速度，取决于细胞膜的结构和细胞的代谢活动。

（一）细胞膜的分子结构与通透性

膜与膜蛋白的研究是分子生物学中非常活跃的领域。细胞膜是以双层磷脂类分子构成的分子层为骨架，每个磷脂分子是由一个不溶于水的"头部"（亲水部分、极性）和两条脂肪酸链的"尾部"（疏水部分、非极性）组成，在磷脂双分子层中，其亲水端朝向膜内外表层，而疏水部分均朝向膜中央，双分子层中有蛋白质结合于膜双分子层表面或镶嵌于双分子层中，有的甚至可以从双分子层的一侧穿过双分子层而暴露于另一侧，这些蛋白称膜蛋白。膜蛋白由许多不同种类的、分别执行不同生理功能的蛋白质所构成，这些蛋白质都为 α-螺旋结构的球形蛋白。

细胞膜有很多含水膜微孔，有允许物质透过的特性，只有能透过的物质才可能被细胞吸收利用，膜又有容易透过某些物质而不透过另一些物质的特性，即选择性通透性。其通透性还因微生物种类和菌龄不同而异。通透性也受各种其他因素的影响，如冻结、溶解、有机溶剂处理、pH 值、温度、毒性物质等。大分子的化合物（如淀粉、蛋白质）需要经过胞外酶水解为小分子的可溶性分子才能透过,它们通过膜的磷脂部分扩散；碳氢化合物及其他非极性化合物易溶于脂肪或脂肪溶剂而不溶于水；离子化合物、电解质透入细胞较慢，弱电解质比强电解质快，弱电解质透过细胞膜的速度随离解度增加而降低。

（二）营养物质的吸收方式

1. 被动或单纯扩散（Passive diffusion）

被动或单纯扩散包括离子交换，少数低分子量的物质靠被动扩散而渗入细胞内，被扩散进入细胞的溶质不与膜上任何一种分子起作用，本身分子结构也不发生变化，其扩散的速度依细胞内外溶质的浓度梯度而定，由高浓度向低浓度扩散，直到细胞内外溶质浓度达到平衡为止，它受溶液的阻力、膜所带的电荷、膜的亲水性等的影响。水和某些盐类以及溶于水的气体的进入属于这一类型。

2. 促进扩散（Facilitated diffusion）

也是按照物质的浓度梯度来进行的。在运输过程中也不需要代谢能量，这与扩散方式相类似，物质本身结构上也不发生变化，不能进行逆浓度运输，运输速度随细胞内外物质的浓度差的缩小而降低，直至动态平衡。与被动扩散不同之处是物质在运输过程中，需要借助位于膜上的一种载体蛋白参与物质的运输，且每种载体蛋白只运输相应的物质，这种运输的第二特点是对被运输的物质有高度的立体专一性，这种载体蛋白与被运输的物质之间存在一种亲和力，这种亲和力在细胞膜内外表面大小不同，在细胞膜外表面亲和力大，在细胞膜内表亲和力小，借这种亲和力大小变化，使载体蛋白的被运输物质发生可逆性的结合和分离，导致物质穿过细胞膜进入细胞内。由于这种载体蛋白类似于酶的作用特性，故有人称它为透过酶（Permease）这些透过酶大多为诱导酶，只是在环境中存在有机体生长所需要的物质时才合成。最近已查明 G⁻ 菌细胞膜表面有很多种分子量较小的蛋白质，用以助长扩散的需要，已从沙门氏菌分离到与硫酸盐渗透有关的载体蛋白，能与硫酸盐专一性地进行可逆结合。目前已分离出有关葡萄糖、半乳糖、阿拉伯糖、亮氨酸、苯丙氨酸、精氨酸、组氨酸、酪氨酸、磷酸、Ca^{2+}、Na^+ 和 K^+ 等的载体蛋白，它们都为单体，分子量介于 9 000～40 000Da，这种方式多见于真核微生物。

3. 主动运输（Active transport）

主动运输是所有细胞质膜的最重要特性之一，它类似于助长扩散过程，但被运输的代谢物或溶质可以逆浓度梯度移动，并且需要能量，也需要载体蛋白（透过酶）。一般认为是外界的溶质（要摄取的营养物质）先与载体蛋白结合，被运输的物质与载体相结合的亲和力大小（细胞膜外表面亲和力大，细胞膜内表面小），同样也可使被运输的物质发生结合与分离，但其亲和力大小的改变是由于载体蛋白构型变化引起的，载体蛋白构型变化需要消耗能量，能量先引起细胞膜的激化过程，再引起蛋白构型的变化或直接引起构型变化进而影响物质运输。其过程可以比作一个旋转门，这个门口朝外与细胞膜外溶质专一性地结合，引起载体蛋白构型改变使门朝内。由于投入能量（ATP）使亲和力降低，结合物释放于细胞膜内，而载体蛋白构型复原。又重复上述过程，这样可使细胞内需要物质浓度大于细胞外若干倍，微生物生长繁殖中所需要的各种物质(如氨基酸等)多以这种方式运输,这种运输方式受细胞代谢的调节与控制。对许多生存于低浓度营养环境中的贫养菌的生存极为重要。

4. 基团转(移)位(Group translocation)

基团转(移)位是另一种需要代谢能量的主动运输方式,微生物需要的许多糖及糖的衍生物如葡萄糖、甘露糖、果糖、N-乙酰葡萄糖胺、核苷与脂肪酸、腺嘌呤等是利用基团转位输送的。这个运输方式主要存在于兼性和严格厌氧菌中。它与主动运输的区别在于它不但有代谢能的参与，同时也改变了被运输溶质的化学性质，被运输的溶质被磷酸转移酶系（包括酶Ⅰ、酶Ⅱ、酶Ⅲ和HPr）磷酸化。酶Ⅰ为非特异性（主要可溶性酶）；酶Ⅱ为对每种糖起催化作用的特异性酶；HPr为热稳定性的可溶性蛋白质，并以磷酸糖存在于细胞质中，由于细胞质膜对大多数磷酸化化合物无透性，故磷酸糖一旦形成就被留在细胞内。磷酸糖中的磷酸来自磷酸烯醇式丙酮酸（PEP）。因此，这种基团转位也称磷酸烯醇式丙酮酸-磷酸糖转移酶运输系统（PTS）。糖在输送过程中，磷酸烯酮式丙酮酸上的磷酸逐步通过酶Ⅰ和HPr的磷酸化过程，最后在酶Ⅱ的作用下，酶上携带的磷酸直接交给糖。

反应式：

$$PEP + 酶Ⅰ \longrightarrow 酶Ⅰ \sim P + 丙酮酸$$

$$酶Ⅰ - P + HPr \longrightarrow HPr \sim P + 酶Ⅰ$$

$$HPr \sim P + 酶Ⅲ \longrightarrow 酶Ⅲ \sim P + HPr$$

$$酶Ⅲ \sim P + 糖 \xrightarrow{酶Ⅱ} 糖 \sim P + 酶Ⅲ$$

第三节　微生物的培养基

培养基是人工配制的适合于不同微生物生长繁殖或积累代谢产物的营养基质，主要用于微生物的生长和繁殖、纯种分离、菌种鉴定和制造微生物产品等。

一、培养基的类型

微生物的种类很多，由于各类群、各种微生物所需要的营养不同，同一种菌使用的目的不同，对培养基的要求也不完全一样，不同营养型的微生物，所用的培养基也不同。因此培养基的类型很多。所配制的培养基估计多达数千种。

（一）根据营养物质来源分类

1. 合成培养基

合成培养基即由已知化学成分及数量的化学药品配制而成，这种培养基成分精确，重复性强，但价格贵。仅用于研究有关微生物的营养、代谢、分类鉴定、生物制品及菌种选育和遗传分析等。一般微生物在合成培养基上生长缓慢，许多异养微生物甚至不能生长。合成培养基又可分为培养自养型和异养型微生物两类型。如用于培养氧化硫细菌的自养型合成培养基成分为硫黄粉 10g、$(NH_4)_2SO_4$ 0.2g、$MgSO_4 \cdot 7H_2O$ 0.5g、$FeSO_4$ 0.01g、$CaCl_2$ 3.0g、水 1 000mL。用于培养大肠杆菌的异养型合成培养基成分为 K_2HPO_4 0.7g、KH_2PO_4 0.3g、$MgSO_4 \cdot 7H_2O$ 0.1g、$(NH_4)_2SO_4$ 1.0g、柠檬酸钠 0.5g、葡萄糖 2g、水 1 000mL。

2. 天然培养基

天然培养基是采用化学成分还不十分清楚或化学成分不恒定的天然有机物配制而成的培养基。这种培养基取材广泛、营养全面丰富、制备方便。天然有机物质包括来自各种植物和动物组织或微生物浸出物、水解液等为原料，如牛肉膏、酵母膏、麦芽汁、蛋白胨、牛乳、血清、松针汁，以及马铃薯、玉米粉、麸皮、花生饼粉等所制成培养基。如适用于培养许多细菌的牛肉膏蛋白胨培养基等。

3. 半合成培养基

在以天然有机物为主要碳、氮源及生长辅助物质的培养基中，加入一些化学药品以补充无机盐成分，能更充分满足微生物生长的营养需要，这类培养基叫半合成培养基。实验室内与生产上使用最多的是半合成培养基。

（二）根据培养基物理状态分类

1. 固体培养基

在液体培养基中加入一定量（1.5%~2%）的凝固剂如琼脂、明胶和硅胶等，使液态凝固成固体状态称固体培养基。用于保存菌种、纯种分离、菌种菌落特征观察以及活细胞计数等方面。一些由天然的固体基质（如马铃薯块、胡萝卜条、小米、麸皮和米糠等），用于分离鉴定、计数、菌种保存。制成的培养基也属于固体培养基。

2. 半固体培养基

加入少量（0.2%~0.7%）的琼脂使培养基呈半固体状态。用于观察细菌的动力、各种厌氧菌的培养、菌种保存以及噬菌体效价测定。

3. 液体培养基

在配制培养基中不加凝固剂，常用于大规模的工业生产，以及实验室大量获得菌体和进行微生物生理、代谢等的研究。

（三）根据用途

1. 基础培养基

这类培养基的组成物质能满足一般微生物生长繁殖需要。如用于培养细菌的牛肉膏蛋白胨琼脂培养基；适于霉菌生长的马铃薯葡萄糖琼脂培养基；适于酵母菌生长的麦芽汁琼脂培养基。

2. 加富培养基

在普通培养基里加进血、血清、动植物组织液或其他营养物质的培养基，用以培养某种或某类营养要求苛刻的异养微生物，使某种微生物在其中的生长比其他微生物快。

3. 选择培养基

在培养基中加入某种化学药品来抑制不需要的微生物的生长而促进某种需要的微生物生长，一般是含有抑菌剂或杀菌剂的培养基，如加结晶紫、亮绿、伊红、亚甲蓝、孟加拉红等。例如，在培养沙门氏菌的培养基中加入四硫磺酸钠、亮绿，以抑制大肠杆菌的生长；培养真菌的培养基常加孟加拉红；分离酵母菌常加抗生素等。

4. 鉴别培养基

根据微生物能否利用培养基中的某种成分，或依据化学指示剂的颜色反应，借以鉴别不同种类微生物的培养基。如一般糖发酵管培养基，可观察不同细菌对糖的分解情况，是否产酸、产气；用醋酸铅培养基鉴定细菌是否产 H_2S 等。

二、配制培养基的原则

一是根据不同微生物的营养要求配制成分不同的培养基。

二是注意各种营养物质的浓度与配比。

三是将各种培养基的 pH 值控制在各别微生物要求的一定范围之内，以满足不同微生物类型的生长繁殖和积累代谢产物的 pH 值要求。同时要考虑微生物在生长和代谢过程中，有代谢产物的形成和积累，会改变培养基的 pH 值，为了使培养基的 pH 值相对恒定，通常在其中加些缓冲剂或不溶性的碳酸钙等。

四是对专性厌气性细菌来说，由于自由氧的存在对它本身的毒害作用，因此往往在培养基中加入还原剂以降低其氧化还原电位，常用的还原剂有巯基醋酸钠、半胱氨酸、硫代乙醇等。

五是在配制培养基时还得尽量考虑利用价廉易得的原料作为培养基成分，以便降低产品成本，适用于规模工业生产。

第五章　微生物的代谢

　　一切生命现象都直接或间接与机体内的化学反应有关，即使是细胞的形态特征也不例外，生物体进行的化学反应统称为代谢。它是一切生活有机体的基本特征，代谢是微生物生理学的核心，代谢包括合成代谢与分解代谢。简单的小分子物质合成复杂的大分子物质，称为合成作用；各种营养物质或细胞物质降解为简单的产物并释放出能量称为分解代谢。二者紧密相关，分解代谢为合成代谢提供原料和能量，合成代谢又是分解代谢的基础，它们在细胞中伴随着进行。微生物这样复杂的代谢活动，都是在许许多多酶和酶系催化下完成的。

第一节　微生物的酶

　　酶是生活细胞产生的具有蛋白质性质的有机催化剂。微生物进行的一切生命活动都离不开酶，在微生物的新陈代谢活动中，不论是大分子营养物质分解为小分子的物质被微生物利用，还是进入细胞内的营养物质分解并释放出能量，以及新细胞物质的合成，都是在各种酶的催化作用下进行的。

一、酶的性质

　　酶具有蛋白质的一切性质，凡是能破坏蛋白质结构使蛋白质变性的因素，都能使酶失去活性。

　　酶是生物催化剂，有极高的催化效率，是无机催化剂的 $10^6 \sim 10^{13}$ 倍。以过氧化氢分解为水和氧气（$2H_2O_2 \longrightarrow 2H_2O + O_2$）为例，1mol 过氧化氢酶在一定条件下可催化 5×10^6 mol 过氧化氢分解为水和氧气，而在同样条件下，1g 离子铁只能催化分解 6×10^{-4} mol 过氧化氢。

　　酶具有高度的专一性，一定的酶只能作用于一定的底物，生成一定的物质，催化一种反应或一类反应。例如，化学物质催化的反应，酸类可以催化淀粉、蛋白质、脂肪等物质的水解，而淀粉酶只能水解淀粉，不能水解白质和脂肪。

二、酶的结构

根据酶的组成可将它分为单成分酶和双成分酶。

1. 单成分酶

酶本身只是具有催化活性的蛋白质而无其他成分，如水解酶类，其蛋白质分子结构上的某个基团为酶促反应的活性中心。

2. 双成分酶

酶除具有催化活性的蛋白质外，还具有非蛋白质的辅因子（如维生素类等）这类酶仅蛋白质部分没有活性，要与辅因子结合起来后才具有催化作用。在这种情况下，辅因子是决定酶活性有无或酶活性高低的重要因素之一。非蛋白质成分与酶蛋白结合稳固不能分离的辅因子称辅基；辅因子与酶蛋白结合不稳固、可分离的活性基称辅酶。它与酶蛋白没有固定结合，只在起反应瞬间才结合。

3. 活性中心

酶蛋白分子上必需基团比较集中并构成一定空间构象、与酶的活性直接相关的结构区域称活洼中心。它能与底物结合并起催化反应，是由酶蛋白上几个氨基酸侧链的化学基团组成的，活性中心只占整个蛋白分子的一小部分，有 1~4 个活性中心或活性基可以是较复杂的有机化合物，也可以是某些金属铜、锌、铁、钼等。维生素往往是很多辅酶的主要成分。近年来，把活性基辅酶 I（NAD）、辅酶 A（CoA）、三磷酸腺苷（ATP）称为载体底物，因为 NAD 是 H_2 的载体，CoA 是酰基的载体，ATP 是酸的载体等。

4. 辅酶和辅基

根据它们所起的催化反应可分为，转移氢和电子的转移基团、异构酶和裂解酶 3 种类型。

三、影响酶促反应速度的因素

1. 酶浓度

在底物充足，酶促反应条件合适时，酶促反应速度与酶浓度成正比。

2. 底物浓度

在底物浓度较低的范围内，当酶浓度不变时，酶促反应速度与底物浓度成正比；达到一定数量后，反应速度不再增加，反应速度取决于酶的浓度。

3. 温度

各种酶促反应有一定的温度要求，最适温度时酶促反应速度最快。

4. pH 值

每种酶都有最适 pH 值，高于或低于最适 pH 值都将影响酶活，pH 值过高或过低酶都将失活。pH 值除影响酶蛋白外，还对活性中心的化学基团的解离有影响。

5. 抑制剂

由于改变了酶蛋白上的必需基团和活性基的化学性质而引起酶活降低或丧失，称抑制作用。常用的抑制剂：①麻醉剂，当它接触酶表面时会妨碍酶和底物的结合，如氨基甲酸甲酯是脱氢酶的抑制剂；②竞争性抑制剂，能与底物竞争酶活性中心，它与底物有相似的化学结构，如丙二酸是琥珀酸脱氢酶的竞争性抑制剂；③非竞争性抑制，它和底物同时与酶结合。但三者形成的中间物质不能分解成产物，如一些重金属离子 Cu^{2+}、Hg^{2+}、Ag^+ 等。

6. 微生物酶的激活剂

在酶促反应中，某些物质存在可以提高酶的活性，这些物质称酶激活剂。例如，酸是胃蛋白酶的激活剂，胃蛋白酶原来是没有活性的，只有胃酸水解掉部分肽链，活性中心暴露出来才表现酶活性；3-磷酸甘油醛脱氢酶的—HS 基处于还原态才表现活性，—HS 被氧化为 SO_2 时，酶无活性，加入还原剂后二硫键被还原为—HS，酶活性恢复，这类解除抑制作用的物质也称激活剂，有些不是酶分子结构的无机离子也可增加酶的活力如 Mg^{2+}、Ca^{2+}。

四、酶在微生物细胞中的分布

（一）根据酶在微生物细胞中的活动部位分类

根据酶在微生物细胞中的活动部位可分为胞外酶和胞内酶。

1. 胞外酶

胞外酶是细胞产生酶后分泌到细胞外面起作用的酶。主要是单成分的水解酶类，包括水解多糖和寡糖的酶、蛋白酶、脂肪酶等。这类酶大多数在细胞膜上合成而后分泌到细胞外。

2. 胞内酶

胞内酶是在细胞内起作用的酶，它在细胞内有其一定的活动区域，不同性质酶类有不同的活动部位。细胞膜上是渗透酶的活动场所；发酵酶类则溶

简明食品微生物学

于细胞质中；有关呼吸酶类和电子传递体大多固定在特定的细胞结构上；原核微生物的内膜中体上，真核微生物在线粒体上。有关蛋白质的合成酶类在核蛋白体上活动；有关光合作用的酶类则集中在叶绿体的片层结构的膜上或载色体膜上。

（二）根据酶的催化反应和性质分类

微生物产生的各种酶，根据其催化反应和性质的不同可分为下列 6 类。

1. 水解酶类

这类酶能催化大分子有机化合物，把大分子物质分解为比较简单的小分子化合物，在所有的分解过程中，都有水分子的参与，故称为水解酶类。这类酶属胞外酶如淀粉酶、蛋白酶、脂肪酶和纤维素酶等。例如，脂肪酶催化甘油三酯水解为甘油和脂肪酸。

2. 氧化还原酶类

这类酶主要是催化细胞内物质的氢原子或电子的转移反应。微生物体内各种有机物质所含的能量，是通过一系列氧化还原反应逐渐释放出来的。这类酶包括脱氢酶类和氧化酶类。前者如乙醇脱氢酶、乳酸脱氢酶等；后者如多酚氧化酶、细胞色素酶、细胞色素氧化酶。这类酶多数为双成分酶，由主酶和辅酶组成。例如，乙醇脱氢酶能催化乙醛为乙醇，其辅酶是辅酶Ⅰ。

$$CH_3CHO+辅酶Ⅰ—H_2 \underset{}{\overset{乙醇脱氢酶}{\rightleftharpoons}} C_2H_5OH+辅酶Ⅰ$$

3. 转移酶类

这类酶能催化某种基团（如磷酸基、醛基、酮基）从一种化合物分子上转移到另一种化合物分子上，例如，谷氨酸产生菌体内的氨基转移酶将丙氨酸的氨基转移到 α-酮戊二酸上而成为谷氨酸。

$$α-酮戊二酸+丙氨酸 \xrightarrow{转移酶} 谷氨酸+丙酮酸$$

4. 裂解酶类

这类酶能催化一种化合物分裂为二种化合物，它在微生物细胞内物质转化和能量转化反应中起重要作用，如 1,6-二磷酸果糖通过醛缩酶的作用而分裂成 2 个三碳化合物，这 2 个三碳化合物可再进一步经其他酶的作用转化为甘油。

5. 合成酶类

能催化两种化合物结合成新物质的酶称为合成酶。例如，柠檬酸的合成是靠一种缩合酶的催化作用，将草酰乙酸和乙酸缩合成柠檬酸。

6. 异构酶类

能催化一对同分异构分子间相互转化的酶称异构酶，例如，葡萄糖和果糖是一对同分异构体，分子式都是 $C_6H_{12}O_6$，但结构式不同。葡萄糖异构酶具有催化葡萄糖转化为果糖的作用，果糖比葡萄糖甜 10 倍以上，所以食品工业上把它作为增甜剂来使用。

第二节　微生物的呼吸与能量代谢

微生物从外界吸收的营养物质，一方面用于构成微生物机体，另一方面大部分是作为能量物质，这些物质在微生物体内呼吸酶类的作用下，氧化分解并释放出能量。就是同化作用所合成的物质，也常作为能量物质供给其生命活动（如合成、维持原生质的胶体状态，吸收营养物质，保持细胞渗透压，物质运转，运动等）能耗的需要。微生物机体的生命活动是靠酶的催化作用进行的。微生物只能利用光能和化能，而光能必须在一定的生物体内（光合微生物）转化为化能才能利用。呼吸作用是包括一系列生物化学变化和能量转移的生物氧化作用。

一、生物氧化作用的概念

生物氧化作用实际上包括氧化和还原两个相反而又不能分开单独进行的反应，一物质的氧化必然伴随着另一物质的还原。在氧化还原反应中，凡是失去电子的物质称电子供体；接受电子的称电子受体。如伴随有氢的转移称供氢体和受氢体。微生物对呼吸基质的氧化，主要是以脱氢方式来实现的。在每步脱氢过程中，都同时伴随着受氢还原过程，也就是将氢和电子转移给受体的过程。释放的能量主要转移入 ATP 中，未被贮存的能量以热能的形式释放出来。

$$\left.\begin{array}{l}基质 \xrightarrow[\text{脱氢作用}]{\text{脱氢酶}} 氧化了的基质 + 2H^+ + 2e^- \\ 受氢体 + 2H^+ + 2e^- \longrightarrow 还原了的受体\end{array}\right\} + x(\text{ATP 或热量})$$

二、微生物的氧化作用的类型

根据其最终电子（和氢）受体的性质不同，可分为呼吸作用、无氧呼吸作用和发酵作用 3 种类型。

（一）呼吸作用

以分子态氧作为最终电子（和氢）受体的氧化作用称呼吸作用或有氧呼吸作用。呼吸作用是好氧微生物和兼性厌氧微生物在好氧条件下的主要产能方式。它们由细胞色素系统组成呼吸链，氧化过程脱下的氢及电子通过呼吸链使 O_2 激活形成 O^{2-}，而与 $2H^+$ 结合形成水。这种氧化作用，基质氧化彻底，释放出较多的能量，形成的 ATP 较多。1g 分子葡萄糖彻底氧化成 CO_2 和 H_2O，可放出 15.6kJ 自由能。进行呼吸作用的微生物机体内含有脱氢酶和氧化酶体系。

（二）无氧呼吸作用

有少数微生物在产能的生物氧化还原过程中，以无机氧化物 NO_3^-、NO_2^-、SO_4^{2-}、$S_2O_3^{2-}$、CO_2 等无机盐和延胡索酸等有机物中的氧，作为最终的氢和电子受体的氧化作用称为无氧呼吸。无氧呼吸作用是有些厌氧和兼性厌氧微生物在无氧呼吸中获得能量的方式，其脱氢基质一般为有机质（如葡萄糖、乙酸等）。但生成的能量较少，1g 分子葡萄糖经硝酸盐进行呼吸作用只释放 10.0kJ 自由能。例如，反硝化细菌（脱氮微球菌 *Micrococcus denitrificans*）以硝酸盐为最终电子（和 H）的受体的生物学过程称硝酸盐呼吸，又称反硝化作用。最终释放 NO_2。

在无氧呼吸中，基质也可被彻底氧化。

$$C_6H_{12}O_6 + 12NO_3^- \longrightarrow 6H_2O + 6CO_2 + 12NO_2$$

NO_2 可以被分泌到胞外，还可以进一步还原成 N_2。

$$5CH_3COOH + 8NO_3^- \longrightarrow 10CO_2 + 6H_2O + 4N_2 + 8OH^-$$

硫酸盐还原细菌（如脱硫弧菌属 *Desulfovibrio*）能以有机物如乳酸为氧化的基质，氧化放出的电子可以逐步使硫酸盐还原为 H_2S，但氧化不彻底，最终积累乙酸，放出硫化氢。

$$2CH_3CHOHCOOH + H_2SO_4 \longrightarrow 2CH_3COOH + H_2S + 2CO_2 + 2H_2O$$

甲烷细菌（*Methane bacteria*）能以 CO_2 为最终电子受体，将 CO_2 还原为甲烷。在厌氧呼吸中，粪链球菌能以延胡索酸为电子最终受体，将延胡索酸还原为琥珀酸，称延胡索酸呼吸。

$$HOOCCH = CHCOOH + 2H^+ + 2e^- \longrightarrow HOOCCH_2CH_2COOH$$

    延胡索酸   琥珀酸

（三）发酵作用

发酵作用是指微生物在氧化过程中的电子或氢供体和电子或氢受体都是

有机化合物的生物氧化作用。发酵作用是厌氧和兼性厌氧微生物在无氧条件下的主要产能方式，一般电子和氢供体上脱下的电子和氢交给 NAD(P) 使之还原为 $NAD(P)H_2$，再由 $NAD(P)H_2$ 将电子或氢交给最终电子受体，完成氧化还原反应，最终形成还原性的产物。这种生物氧化不彻底，放出能量少，如乳酸发酵、酒精发酵、丁酸发酵、丙酸发酵等。

1. 酒精发酵

酵母菌等一些微生物可使丙酮酸脱羧形成乙醛，然后在乙醇脱氢酶的作用下，乙醛作为氢和电子的受体被还原成乙醇。

$$CH_3COCOOH \xrightarrow{\text{脱羧酶}} CH_3CHO + CO_2$$

$$CH_3CHO + NADH_2 \xrightarrow{\text{乙醇脱氢酶}} C_2H_5OH + NAD$$

由葡萄糖开始酒精发酵的总反应式：

$$C_6H_{12}O_6 + 2ADP + 2Pi \longrightarrow 2C_2H_5OH + 2CO_2 + 2ATP$$

2. 乳酸发酵

一些乳酸细菌（如保加利亚乳杆菌、德氏乳杆菌 *Lactobacillus delbrueckii* 等）可以在乳酸脱氢酶的催化下，以丙酮酸作为氢和电子的受体产生乳酸。

$$2CH_3COCOOH + NADH_2 \xrightarrow{\text{乳酸脱氢酶}} 2CH_3CHOHCOOH + NAD$$

由葡萄糖开始乳酸发酵的总反应式：

$$C_6H_{12}O_6 + 2ADP + 2Pi \longrightarrow 2CH_3CHOHCOOH + 2ATP$$

三、微生物的呼吸类型

根据微生物在生命活动中与分子氧的关系可将微生物分为 4 个类型。

1. 好氧性微生物

这种微生物在生命活动中需要分子态氧，它们以有氧呼吸进行生物氧化，以 O_2 作为最终电子（或 H）受体，氧化彻底。大多数细菌、所有的放线菌和霉菌属这类型，这类微生物体内含有脱氢酶体系和氧化酶体系，培养时需通气。

2. 厌氧性微生物

这类微生物生活中不需要分子态氧，它们以发酵作用进行生物氧化，其体内只有脱氢酶体系，没有氧化酶体系，氧化不彻底，放能少。如梭状芽孢杆菌、甲烷细菌、乳酸杆菌、脱硫弧菌、丁酸梭菌（*Clostridium butyricum*），常以基质分解产物为受氢体。

3. 兼性厌氧微生物

这类微生物在有 O_2 及无 O_2 条件下都能生活，它们在有氧和无氧情况下以不同的氧化方式产生能量，在有氧条件下借助体内的脱氢酶体系和氧化酶体系，以 O_2 为最终受体进行有氧呼吸；在无 O_2 条件下按脱氢酶体系进行无氧呼吸，如反硝化细菌，有 O_2 时以 O_2 作为最终电子受体进行有氧呼吸；无 O_2 时以无机物 NO_3 中的氧作为电子受体进行无氧呼吸。

有氧　　　$C_6H_{12}O_6 + 6O_2 \longrightarrow 6CO_2 + 6H_2O + 2881J$

无氧　　　$C_6H_{12}O_6 + 6H_2O \longrightarrow 6CO_2 + 24H$

　　　　　$24H + 4NO_3 \longrightarrow 2N_2 + 12H_2O$

　　　　　$2C_6H_{12}O_6 + 4NO_3 \longrightarrow 2N_2 + 6H_2O + 6CO_2 + 1796J$

另一种方式是无 O_2 时进行发酵作用，如酵母菌在有 O_2 时基质氧化彻底产能多，进行生长繁殖；无 O_2 时进行发酵作用产生酒精和 CO_2。

有氧　　　$C_6H_{12}O_6 + 6O_2 \longrightarrow 6CO_2 + 6H_2O + 2881J$

无氧　　　$C_6H_{12}O_6 \longrightarrow 2CH_3COCOOH + 4H$

　　　　　$2CH_3COCOOH \longrightarrow 2CH_3CHO + 2CO_2$

　　　　　$2CH_3CHO + 4H \longrightarrow 2C_2H_5OH$

　　　　　$C_6H_{12}O_6 \longrightarrow 2C_2H_5OH + 2CO_2 + 226J$

4. 微好氧微生物

这类微生物只需在微量 O_2 的条件下生活，如固氮螺菌、乳酸菌等。必须指出，微生物除了氧化有机物质产能外，有些微生物还能通过光合作用产能，如蓝细菌等光合细菌，以及通过氧化某些无机化合物产能如化能自养微生物。与食品有关的各种微生物绝大多数是利用有机物进行产能代谢。

四、ATP 的生成

ATP 是腺嘌呤核苷三磷酸的缩写（或称三磷酸腺苷），是生物体中最重要的高能磷酸化合物（其他高能磷酸化合物如 1,3-二磷酸甘油酸、乙酰磷酸等），是一切生物生命活动都能使用的通用能源。微生物在脱氢氧化，将氢或电子转移给受体的过程中，释放的能量主要转移到 ATP 中，未被贮存的能量则以热能的形式释放出来。因此，ATP 被认为是微生物能量转移的中心站。

当 ATP 参与吸能反应时，将 ATP 末端磷酸根转移到反应物上，同时转移能量，ATP 本身变为 ADP。例如，葡萄糖生成 6-磷酸葡萄糖是吸能反应，若单独磷酸这个反应不能进行，如由 ATP 提供能量即为放能反应，葡萄糖+ATP→6-磷酸葡萄糖+ADP，ADP 又接受其他高能键磷酸化合物的磷酸键生成 ATP，在生物体内 ATP 主要由 ADP 的磷酸化生成的。生成 ATP 过程需要供应能量，能量来自光能和化能。以光能生成 ATP 的过程称光合磷酸化作用；以化能生成 ATP 的过程称氧化磷酸化作用。

1. 光合磷酸化作用

光合磷酸化作用是指光能转变为化能的过程，这个过程需要光合色素作为媒介，根据电子传递方式不同分为两类（图 5-1）。①环式光合磷酸化。叶绿素（或其他光合色素）的电子受光量子的激发，吸收光子的能量，使电子具有较高的电位势能，电子经过中间电子载体的传递，释放能量生成 ATP，最后又回到叶绿素分子中去，如此循环。②非环式光合磷酸化。由激发态叶绿素所发出的电子，不再回到叶绿素分子上，而是用于烟酰胺二嘌呤核苷酸磷酸（NADP）的还原，失去电子后带正电荷的叶绿素分子需要接收外源电子才能复原，由外源电子供体所发出的电子经过细胞色素传给带正电荷的叶绿素分子，同时生成 ATP。

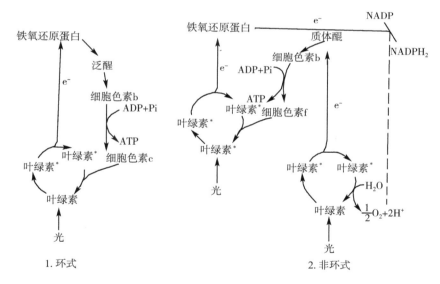

叶绿素*表示激发态的叶绿素。

图 5-1 光合磷酸化

2. 氧化磷酸化作用

生物利用化合物氧化过程中所释放的能量进行磷酸化生成 ATP 的作用，称为氧化磷酸化作用。它为一切生物所共有。在有 O_2 条件下每彻底氧化 1mol

分子葡萄糖生成 38 个 ATP，在放出的自由能量中有 63% 被 ATP 所截获；在呼吸基质氧化的同时，将有另一些氧化态的物质代替氧作为受氢体而被还原；或者在基质分解中，一部分脱氢而被氧化，另一部分受氢而被还原。例如，酵母菌在厌气呼吸中，利用葡萄糖进行酒精发酵，生成 2 分子酒精和 2 分子 CO_2，自由能中只有形成 2 分子 ATP，截获能量只占 42.6%。

3. ATP 的利用

生成的 ATP 主要用于合成蛋白质、脂类、多糖类、核酸等构成细胞物质（包括贮藏物质）所需的能量。理论上每合成 100mg 细胞物质需要 3mg 分子 ATP，相当于每毫克分子 ATP 可以合成 33.3mg 细胞物质。试验表明，每毫克分子 ATP 仅能合成 10mg 左右的细胞物质，所产生的能量只有约 1/3 用于合成细胞物质，其余 2/3 的能量将消耗于细胞吸收、细胞运动、发光等以及被 ATP 酶分解为热而散去。

第三节　微生物的分解代谢

分解代谢概括地说，即复杂营养物质分解成简单化合物并释放出能量的过程。分解代谢与合成代谢之间有着极其密切的关系，合成作用所需要的能量和多数原材料来自分解作用。分解代谢的功能在于保证合成代谢的正常进行，只有微生物体内旺盛的分解代谢，微生物细胞物质合成和生长繁殖才能正常进行，二者间的联系见图 5-2。

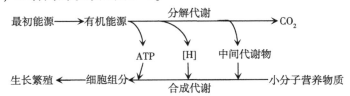

图 5-2　微生物的分解代谢

一、碳水化合物的分解

碳水化合物是异养型微生物的主要碳源和能源，包括各种多糖、双糖和单糖。

（一）多糖的降解

各种多糖都可被不同微生物所产生的相应胞外酶水解成双糖或单糖。如许多异养微生物能产生淀粉酶水解淀粉；纤维素是自然界最丰富的碳源，但分解慢，只有一些细菌（如黏细菌等）能产生纤维素酶，将纤维素水解为纤维二糖和葡萄糖；果胶类物质是由半乳糖醛酸组成的大分子长链，不易分解，但有些微生物可产生果胶酶将果胶分解为半乳糖醛酸，并进一步分解为简单的碳化物；几丁质、木质素等复杂不含氮的碳化合物都可被相应的微生物分泌的酶分解为简单的碳化物。双糖的分解一般在细胞内进行，亦可被相应水解酶分解为单糖。如蔗糖被蔗糖酶分解为葡萄糖和果糖，乳糖被乳糖酶分解为葡萄糖和半乳糖等。总之，复杂的碳水化合物都经酶水解为单糖。单糖是微生物最主要的碳源和能源，因此，单糖的分解代谢过程是一切有机物质分解代谢的物质基础。

（二）单糖的降解

单糖包括葡萄糖、果糖、甘露糖和半乳糖等，是异养微生物的主要碳源和能源。以葡萄糖和果糖最为重要，这两种糖可直接进入糖的代谢途径被降解，其他的半乳糖、甘露糖需经转化生成葡萄糖或果糖后才被降解，降解的关键产物是丙酮酸，葡萄糖降解为丙酮酸的途径比较复杂，现介绍与微生物关系较密切的如下 3 种降解途径。

1. EMP 途径（Embden-meyerhof-pamas pathway）

EMP 途径，即二磷酸己糖降解途径，又称糖酵解途径，其特点是葡萄糖经转化成 1,6-二磷酸果糖后，在醛缩酶的催化下，裂解为 2 个三碳化合物。首先 1 葡萄糖分子降解为 2 个 3-磷酸甘油醛分子，并消耗 2 个 ATP 分子。2 个 3-磷酸甘油醛分子经氧化生成 2 个丙酮酸分子、2 个 $NADH_2$ 分子和 4 个 ATP 分子。$NADH_2$ 在无氧时用于还原作用，不产生 ATP；而在有氧时经呼吸链氧化磷酸化反应，每个 $NADH_2$ 分子生成 3 个 ATP 分子。

总反应式：

$$C_6H_{12}O_6 + 2NAD + 2ADP + 2Pi \longrightarrow 2CH_3COCOOH + 2NADH + 2H + 2ATP + 2H_2O$$

EMP 途径是绝大多数微生物所共有的基本代谢途径。

2. HMP 途径（Hexose monophosphate paphway）

HMP 途径，即单磷酸己糖降解途径，这个途径与 EMP 途径同时存在。这个途径的特点是葡萄糖经转化为 6-磷酸葡萄糖后，在 6-磷酸葡萄糖脱氢酶的催化下，脱氢脱羧裂解成 CO_2 和 5-磷酸核酮糖，5-磷酸核酮糖的进一步代谢有两种情况：一是由 3 个葡萄糖分子裂解生成 3 个磷酸戊糖分子，经转酮转醛酶系的催化又生成 2 个磷酸己糖分子和 1 个磷酸丙糖分子，磷酸丙糖再进一步借 EMP 途径后半部的反应转化成丙酮酸，称不完全 HMP 途径；二是由两套不完全的 HMP 途径所生成的 2 个磷酸丙糖分子又组合成 1 个磷酸己糖分子，其结果是 6 个葡萄糖分子参与反应，每个葡萄糖分子脱去 1 个 CO_2，再由 6 个磷酸核酮糖分子组成 5 个己糖分子，消耗 1 个葡萄糖分子，称完全的 HMP 途径。HMP 途径既提供能量，也提供合成核酸的前体 5-磷酸核酮糖以及合成芳香氨基酸的前体（4-磷酸赤藓糖和 7-磷酸景天糖）。许多好氧菌或兼厌氧菌都具有这一降解途径。

3. ED 途径（Entner-doudoroff pathway）

ED 途径，即 2-酮-3-脱氧-6-磷酸葡萄糖酸（KDPG）裂解途径，这个途径的特点是反应步骤简单，产能低，葡萄糖经转化成为 2-酮 3-脱氧-6 磷酸葡萄糖酸后、经脱氧酮糖酸醛缩酶催化，裂解成丙酮酸和 3-磷酸甘油醛，后者再转化成丙酮酸，结果和 EMP 途径一样，1 个葡萄糖分子生成 2 个丙酮酸分子，但产生能量只及 EMP 途径的一半（即 1 个 ATP 分子）。ED 途径是一些假单胞菌和一些发酵单胞菌等少数 EMP 途径不完整的细菌所特有的利用葡萄糖的替代途径。由于 ED 途径可与 EMP 途径、HMP 途径和三羟酸循环相连接，因此可以相互协调，以满足微生物对能量、还原能力和不同中间代谢产物的需要。

总反应式：

EMP　$C_6H_{12}O_6 + 2ADP + 2Pi + 2NAD \longrightarrow 2CH_3COCOOH + 2ATP + 2NADH_2$

HMP　$C_6H_{12}O_6 + 3H_2O + ADP + Pi + 6NADP \longrightarrow CH_3COCOOH + 3CO_2 + ATP + 6NADPH_2 + NADH_2$

ED　$C_6H_{12}O_6 + ADP + Pi + NADP + NAD \longrightarrow 2CH_3COCOOH + ATP + NADPH_2 + NADH_2$

（三）丙酮酸代谢

各种糖的降解产物主要是丙酮酸，丙酮酸的去向取决于不同微生物种类和不同条件。在有氧条件下，大多数好氧和兼性厌氧异养微生物，经三羧酸循环将丙酮酸彻底氧化，生成 CO_2 和 H_2O，分级放出能量，产生大量 ATP；也有些微生物进行无氧呼吸，大多数厌氧性和兼厌氧异养微生物，在无氧条件下进行各种发酵作用生成不同的产物和为数不多的 ATP。

二、蛋白质和氨基酸的分解

蛋白质必须在胞外蛋白酶和肽酶的联合催化下，分解成氨基酸之后，才能被吸收进入细胞内利用。

$$蛋白质 \xrightarrow{蛋白酶} 多肽 \longrightarrow 二肽 \xrightarrow{肽酶} 各种氨基酸$$

蛋白酶有一定的专一性，不同蛋白质的水解要求不同的蛋白酶，不同微生物产生的蛋白酶种类不同，分解蛋白质的能力也不同。如明胶要用明胶酶、酪蛋白要用酪蛋白酶来水解。肽酶又称外肽酶，它只能自肽链的一端水解，每次水解出一个氨基酸。肽酶也有一定的专一性，有的肽酶要求肽链的一端有自由的氨基称胺肽酶；有的肽酶要求肽链的一端有自由的羧基称羧肽酶。微生物降解氨基酸有两种形式，即脱氨和脱羧，分别被脱氨酶和脱羧酶所催化，当培养基偏酸时进行脱羧；培养基偏碱时进行脱氨作用。

（一）脱氨作用

因氨基酸、微生物种类和环境条件不同，其脱氨基的方式和产生的产物也有不同，主要有如下 5 种。

1. 氧化脱氨

好氧性微生物在有氧条件下进行氧化脱氨，其脱氨后的产物是酮酸。

$$CH_3CHNH_2COOH + \frac{1}{2}O_2 \longrightarrow CH_3COCOOH + NH_3$$

2. 水解脱氨

有些好氧微生物及酵母菌可进行这种方式脱氨，不同氨基酸经水解脱氨产生不同产物。如米曲霉（*Aspergillus oryzae*）可使亮氨酸水解脱氨生成异己羧酸。

$$(CH_3)_2CHCH_2CHNH_2COOH + H_2O \longrightarrow (CH_3)_2CHCH_2CHOHCOOH + NH_3$$
亮氨酸　　　　　　　　　　　　　　　　异己羧酸

大肠杆菌和变形杆菌能水解色氨酸生成吲哚、丙酮酸和 NH_3，大肠杆菌、变形杆菌和枯草杆菌可水解半胱氨酸生成丙酮酸、H_2S 和 NH_3。

3. 还原脱氨

厌氧微生物在厌氧条件下进行还原脱氨，生成饱和脂肪酸。如天冬氨酸还原脱氨生成琥珀酸。

$$HOOCCH_2CHNH_2COOH + H_2 \longrightarrow 2HOOCCH_2CH_2COOH + NH_3$$
天冬氨酸　　　　　　　　　　琥珀酸

4. 直接脱氨

氨基酸直接脱氨生成不饱和脂肪酸如天冬氨酸脱氨生成延胡索酸。

$$HOOCCH_2CHNH_2COOH \longrightarrow HOOCCH = CHCOOH + NH_3$$
天冬氨酸　　　　　　　　　延胡索酸

5. 斯提克兰（Stickland）反应

斯提克兰反应或称氧化-还原脱氨。梭菌属中的某些细菌在无氧条件下生活时，可以进行氨基酸间的氧化还原脱氨。这种脱氨方式需有两种氨基酸参与反应，其中一种进行氧化脱氨，脱下的氢去还原另一种氨基酸脱氨，如丙氨酸与甘氨酸间进行氧化还原脱氨后形成乙酸、氨和 CO_2。

$$CH_3CHNH_2COOH+2CHNH_2COOH \longrightarrow 3CH_3COOH+3NH_3+CO_2$$

（二）脱羧作用

许多微生物可产生专一性很强的氨基酸脱羧酶。各种氨基酸经不同氨基酸脱羧酶催化而生成相应的胺。如酪氨酸脱羧形成酪胺，精氨酸脱羧形成精胺，色氨酸形成色胺，它们在有氧条件下氧化成有机酸和氨；在厌氧条件下分解为各种醇和有机酸。

$$RCHNH_2COOH \longrightarrow RCH_2NH_2+CO_2$$

三、脂肪和脂肪酸的分解

脂肪和脂肪酸可作为许多微生物的碳源和能源，但分解缓慢，如细菌中的荧光假单胞菌、分枝杆菌和放线菌，真菌中的青霉、曲霉、镰孢霉等能利用脂肪和脂肪酸为碳源和能源。脂肪是甘油和脂肪酸组成的甘油三酯，它在脂肪酶的作用下，水解为甘油和脂肪酸。甘油在甘油激酶的催化下，与 ATP 形成磷酸甘油。然后经 EMP 途径或 HMP 途径进一步氧化。

脂肪酸的降解是在辅酶 A（CoA）的参与下，经一系列脂肪酰酶的作用逐步形成乙酰 CoA，乙酰 CoA 可进入三羧酸环彻底氧化为 H_2O 和 CO_2。也可进入乙醛酸环合成糖类。脂肪酸被彻底氧化后可产生大量能量。1 个十六碳的饱和脂肪酸分子被彻底氧化可获得 130 个 ATP 分子。

四、烃类化合物的分解

烃类物质是一类由碳氢两种元素组成的具有高度还原性的物质。在厌氧条件下很稳定，但在好氧下可被一些微生物分解，主要是假单胞菌、分枝杆菌、棒状杆菌、解脂假丝酵母（Candida lipolytica）和汉逊酵母等。这类物质分脂肪烃和芳香烃两大类，脂肪烃根据碳架的饱和程度不同而分为饱和脂肪酸与不饱和脂肪酸。

长链烃通过微生物的特殊吸收系统进入细胞后，首先在羟化酶（又称单氧酶）、铁硫蛋白和铁硫蛋白-$NADH_2$ 还原酶作用下，在脂肪烃末端碳原子上发生氧化，生成一元醇，然后逐步氧化成脂肪醛和脂肪酸，最后以 β-氧化的方式分解，生成乙酰 CoA 与丙酰 CoA，再分别通过氧化释放出能量。这是烃类化合物的末端氧化方式。在脂肪烃化合物的分解中，还存在亚末端氧化和两末端氧化的方式。前者的第一步氧化发生在末端第二个碳原子上，然后继续在末端碳原子发生氧化产生酮酸，再脱羧生成少一个碳原子的脂肪酸；后者是脂肪烃在末端碳原子发生氧化之后，又在脂肪烃的另一端发生氧化，生成二元酸。然后进行分解，如甲基营养型细菌能利用甲烷为碳源和能源进行生长。

芳香烃化合物是一类含有苯环或联苯类化合物，苯通过氧化生成儿茶酚（即邻苯二酚）。复杂的联苯类芳香烃化合物在氧化过程中，逐步被氧化生成儿茶酚或原儿茶酸，儿茶酚与原儿茶酸可在其苯环的邻位或间位上被氧化开环，生成脂肪族化合物，再逐步分解、生成糖分解过程中的中间物质，再按糖代谢方式分解。如甲苯杆菌、假单胞菌、土壤中的青霉、曲霉、链孢霉等真菌都能分解芳香族化物（如单宁等）。不少木腐菌可分解木质素。

五、醇和有机酸的降解

醇类如糖醇（甘露醇、山梨醇、卫矛醇）、甘油和乙醇等。有机酸如糖酸（葡萄糖酸）、柠檬酸、苹果酸、乳酸、乙酸等，都能被微生物分解利用。这些物质的降解途径依菌种不同和条件不同而异。糖醇类先氧化为糖后进行转化；其他醇类和甘油氧化成甘油醛或甘油酸；乙醇氧化为乙酸。然后经 EM 途径及三羧酸循环进行氧化。乙酸的氧化还可经乙醛酸环生成琥珀酸（作为蛋白质、核酸、碳水化合物的原料）乙醛酸环是三羧酸循环的变体，许多微生物都具有乙酸醛环，因而能利用乙酸为唯一碳源。

六、戊糖的降解

核糖、阿拉伯糖、木糖等属五碳糖，都能被微生物分解利用，戊糖一般通过 HMP 途径可彻底氧化成 CO_2 及 H_2O，或生成三磷酸甘油醛后进入 EM 途径的后半部生成丙酮酸，再进入三羧酸循环进行彻底氧化，如戊糖乳酸杆菌进行戊糖发酵时，是通过 2,3-磷酸戊糖裂解途径产生乳酸和乙酸。

第四节 微生物细胞物质的合成

微生物从体外吸收的各种营养物质，在细胞内各种酶类的催化作用下，经过复杂的转化与组合，合成各种分子结构复杂的有机物质，构成细胞各组成分，为微生物的个体生长繁殖和活动提供物质基础。

一、碳水化合物的合成

微生物从环境中吸收的有机碳化物或由 CO_2 还原生成的有机碳化物，在细胞内经分解、化合、氧化或还原等各种转化，成为各种单糖、有机酸、醛、醇和苯、醌等形态物质。再以这些单体聚合成各种大分子化合物构成细胞各部分，例如，聚缩成纤维素、淀粉、肝糖和其他各种葡聚糖、果聚糖等多糖，糖、醛和有机酸聚缩成糖醛酸和果胶物质。有的成为细胞壁的结构物质，如真菌中的担子菌和细菌中的醋酸细菌的细胞壁中含有纤维素，大多数细菌及放线菌细胞壁含有糖醛酸和果胶类物质。有的多糖成了细胞内的贮存物质，如酵母细胞中的肝糖颗粒，细菌的荚膜和细胞壁外的黏液都含有聚缩多糖或糖醛酸。

二、脂类物质的合成

由有机酸或无机酸（磷酸、硫酸）与醇类化合成各种脂类物质，这些物质主要与蛋白质合成脂蛋白，是原生质膜的基本组分，或即以脂类状态参与质膜结构，G^+ 细菌的细胞壁也含有多量的脂类与多糖或蛋白质结合构成较厚的细胞壁外层，有些细菌、酵母菌和霉菌细胞中合成的脂类物质常以脂肪滴的形态作为贮藏物质存在于细胞质中。

三、氨基酸和蛋白质的合成

微生物吸收氮素物质经转化为氨或胺化物后，与有机酸化合成氨基酸，它是构成蛋白质的基本单位。微生物合成氨基酸主要是与酮酸的氨基化过程（酮酸是三羧酸循环中的产物），酮酸氨基化生成初生氨基酸，如丙氨酸、甘氨酸、天冬氨酸、谷氨酸等。这些初生氨基酸及其酰胺化合物上的氨基，通过转氨酶的作用，转移到别的酮酸上生成其他氨基酸，称为次生氨基酸。一些分子结构较复杂的次生氨基酸，往往以初生氨基酸为前体而合成，如谷氨酸是合成脯氨酸、鸟氨酸、瓜氨酸和精氨酸的前体；天门冬氨酸是合成赖氨酸、蛋氨酸、苏氨酸及异亮氨酸的前体；甘氨酸是合成丝氨酸的前体；丝氨酸又是合成胱氨酸、半胱氨酸的前体。合成蛋白质的 20 多种氨基酸就是通过上述 3 种方式合成的。

多种氨基酸再聚合成多肽，蛋白质就是多个多肽进一步聚合的大分子，各种微生物按其固有的遗传信息，合成各种各样的多肽及蛋白质。

四、核苷酸和核酸的合成

核苷酸是由核糖、碱基和磷酸3个亚基组成的。碱基有嘌呤和嘧啶，这两种都是氨基酸转化而来的环状含氮化合物，例如，天门冬氨酸与磷酸酰胺结合环化而生成尿嘧啶；碱基与核糖结合成核苷；核苷再与磷酸结合成核苷酸。4种核苷酸组成核酸，多数微生物含有2种核酸，即核糖核酸（RNA）和脱氧核糖核酸（DNA）。核糖和磷酸分别与腺嘌呤、鸟嘌呤、尿嘧啶、胞嘧啶合成腺核苷酸、鸟核苷酸、尿核苷酸和胞核苷酸，这4种核苷酸再合成核糖核酸（RNA）；脱氧核糖和磷酸分别与腺嘌呤、鸟嘌呤、胸腺嘧啶和胞嘧啶组成脱氧腺核苷酸、脱氧鸟核苷酸、脱氧胸腺核苷酸和脱氧胞核苷酸。这4种核苷酸再合成脱氧核糖核酸（DNA）。

五、微生物的次生代谢产物的生成

微生物在同化代谢中也生成一些分子结构较复杂的物质，这些物质独立于细胞结构之外，既不是代谢活动所必需和酶活性所必需，又不是细胞的贮存养料，而成为代谢产物而积累，其生理功能现在尚不明确，称次生代谢产物。这类代谢产物或以结晶体、颗粒体、油脂滴等状态散布于细胞质中；或分泌于细胞外积累在其生活环境中，这类产物种类多，化学结构也不同，有简单有机物、糖苷、多肽、烯萜化合物等，主要有抗生素、维生素、生长刺激素、毒素和色素等。这类物质受到了人们的普遍重视，有的已大量生产。产生次生代谢产物的原因被认为是正常代谢途径不畅通时，增强了支路代谢的结果，菌种的变异和环境条件的变化是引起或增强支路代谢的主要原因。最近发现次生代谢产物的生成与质粒有关。

第六章 微生物在食品环境中的生长

第一节 微生物的生长

一、微生物的生长与繁殖

微生物在适宜的条件下，不断从周围环境中吸收营养物质转化为构成细胞物质的组分和结构，使个体细胞质量增加和体积增大，称为生长。单细胞微生物如细菌和某些酵母菌个体细胞增大是有限的，体积增大到一定程度就会分裂，分裂成两个大小相似的子细胞，子细胞又重复上述过程，使细胞数目增加，称为繁殖。单细胞微生物的生长，实际是以群体细胞数目的增加为标志的。霉菌和放线菌等丝状菌的生长，主要表现为菌丝的伸长和分枝，其细胞质量的增加并不伴随着个体数目的增多。因此，霉菌和放线菌等丝状菌的生长通常以菌丝的长度、体积及质量的增加来衡量，只有通过形成无性孢子或有性孢子使其个体数目增加才叫繁殖。

二、微生物的生长曲线

根据对某些单细胞微生物在封闭式容器中进行分批纯培养群体生长的研究，发现在适宜条件下，微生物细胞数目的增加随时间而变化，并有严格的规律性。

将少量单细胞微生物纯培养菌种接种到新鲜的液体培养基中，于适宜条件下培养，在培养过程中定时测定菌体的数量，再以几何曲线表示，以菌数的对数为纵坐标、时间为横坐标，所绘成的曲线称生长曲线。生长曲线严格说来应称为生长繁殖曲线，因为单细胞微生物如细菌等都以细菌数增加作为生长指标，所以这条曲线代表了细菌在新的适宜环境中生长繁殖至衰老死亡的动态变化。根据细菌生长繁殖速度的不同，生长曲线可分为4个时期。

1. 滞留适应期（Lag phase）

滞留适应期又称延迟期。细菌接种到新的培养基中，一般不立即进行繁殖，需要一段时间自身调整，诱导合成必需的酶、辅酶或形成某些中间代谢产物。此时的细胞质量增加，体积增大，但不分裂繁殖，细胞长轴伸长，如巨大芽孢杆菌的长度从 $3.4\mu m$ 增长为 $9.1 \sim 19.8\mu m$，细胞质均匀，DNA 含量高。这个时期的长短从几分钟至几小时，因菌种、菌龄和培养条件不同而异。

2. 对数生长期（Log phase）

这个时期细胞代谢活性最强，合成新细胞物质最快，所有新分裂形成的细胞生长旺盛，繁殖的细胞数按几何级数增加，即 $1 \rightarrow 2 \rightarrow 4 \rightarrow 8 \cdots \cdots$ 若用指数形式表示为 $2^0 \rightarrow 2^1 \rightarrow 2^2 \rightarrow 2^3 \cdots \cdots 2^n$，这里的 n 就是细菌分裂代数，也就是 1 个细菌繁殖 n 代后产生了 2^n 个细菌。此时期细菌数的对数与培养时间成直线关系。

在一定条件下（如营养成分、温度、pH 值和通气量等），每种微生物的世代时间（或称倍增时间）是恒定的，是微生物菌种的一个重要特征。以分裂增殖时间除以分裂增殖代数（n），即可求出每增殖一代所需的时间（G）。

设对数开始时的时间为 t_1，菌数为 X_1，对数期结束的时间为 t_2，菌数为 X_2，则

世代时间 （G） $= \dfrac{t_2 - t_1}{n}$

$X_2 = X_1 \cdot 2^n$，用对数表示为 $\lg X_2 = \lg X_1 + n \lg 2$

$n = \dfrac{\lg X_2 - \lg X_1}{\lg 2}$，

因为　　　　$\lg 2 = 0.301$

所以　　　　$n = 3.32 (\lg X_2 - \lg X_1)$

即　　　　$G = \dfrac{t_2 - t_1}{3.32 (\lg X_2 - \lg X_1)}$

从上式可以看出，在一定时间内，细菌分裂次数越多，世代时间越短，分裂速度越快。不同细菌其对数生长期中的代时不同，同一种细菌在不同培养基组分和不同环境条件下，如培养温度、培养基、pH 值、营养料性质等，其世代时间也不同。但各种细菌在一定条件下，其代时是相对稳定的。细菌繁殖最快的世代时间为 9.8min 左右，慢的世代时间长达 33h，多数种类世代时间为 20~30min（表6-1）。处于对数期的细菌，其个体形态，化学组成和生理特性等均较一致，代时稳定，代谢旺盛，生长迅速，是研究基本代谢

的良好材料，也是发酵生产的良好菌种，用处于对数生长期的菌种进行接种，可以缩短滞留适应期，以缩短发酵生产周期。

表 6-1　几种细菌在最适条件下生长的世代时间

菌名	培养基	温度（℃）	世代时间（min）
漂游假单胞菌（*Pseudomonas natriegenes*）	肉汤	27	9.8
大肠杆菌（*Escherichia coli*）	肉汤	37	17
乳链球菌（*Streptococcus lactis*）	牛乳	37	26
金黄色葡萄球菌（*Staphylococcus aureus*）	肉汤	37	27~30
枯草杆菌（*Bacillus subtilis*）	葡萄糖肉汤	25	26~32
肉毒杆菌（*Clostridium botulinum*）	葡萄糖肉汤	37	35
梅毒密螺旋体（*Treponema pallidum*）	家兔血	37	1 980

3. 稳定期（Stationary phase）

稳定期又称最高生长期，在一定容积的培养基中，由于经细菌对数生长期的旺盛生长后，某些营养物质被消耗，有害代谢产物积累以及 pH 值、氧化还原电位、无机离子浓度等的变化，限制了菌体继续高速度增殖。初期，细菌分裂间隔的时间开始延长，曲线上升逐渐缓慢。随后，部分细胞停止分裂，少数细胞开始死亡，新增殖的细胞数量与老细胞死亡数量几乎相等，处于动态平衡，细胞数量达到最高水平。接着，死亡数超过新增殖数，曲线出现下降趋势。这时，细胞内开始积累贮藏物质，如肝糖、异染粒、脂肪滴等。大多数芽孢细菌在此时形成芽孢，同时发酵液中细菌的代谢产物的积累逐渐增多，是发酵目的物生成的重要阶段（如抗生素等）。

4. 衰亡期（Decline phase）

稳定期后，环境变得更不适合于细菌的生长，细胞生活力衰退，死亡率增加，以致死亡数量大大超过新生数量，细菌总数急剧下降。此时期细胞常出现多形态、畸形以及液泡，G⁺细菌常变成 G⁻细菌。有许多菌在衰亡期后期常产生自溶现象，使工业生产中的后处理过滤变得困难。

细菌生长曲线见图 6-1。

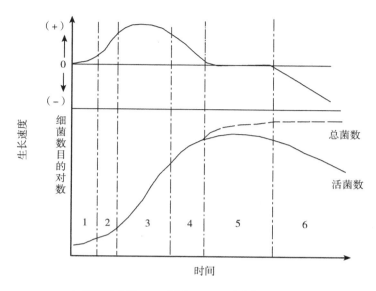

1. 滞留适应期；2. 对数期；3~5. 稳定期；6. 衰亡期。

图 6-1　单细胞微生物典型生长曲线

三、连续培养与同步培养

（一）连续培养

在一恒定的培养容器的流动系统中，以一定流动速度不断补充入新的营养物质，同时以相同的速度排出培养物（包括菌体及代谢产物），使流动系统内的液量、细胞数量和营养状态维持恒定，使培养的微生物处于对数生长期的时间继续延长下去，这种方法称连续培养。控制连续培养的方法有两种。

1. 恒浊法

通过不断调节加入培养基和流出培养物的流速，使细菌培养的浊度保持恒定，使细菌生长维持最高生长率。细菌的生长率除受流速控制外还与菌的种类、培养基成分及培养条件有关。

2. 恒化法

控制加入的培养基恒定的流速，使培养室内营养物质的浓度基本恒定，使细菌生长所消耗的物质及时得到补充，从而维持细菌恒定的生长速率（图 6-2）。

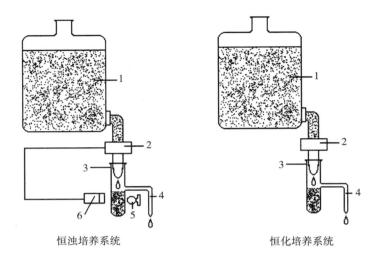

恒浊培养系统　　　　　　　　　　恒化培养系统

1. 盛无菌培养基的容器；2. 控制流速阀；3. 培养室；4. 排出管；5. 光源；6. 光电池。

图 6-2　连续培养装置示意

（二）同步培养

在细菌分批培养中，其群体能以一定速率生长，但所有的细菌并非同时分裂，即培养液中的细胞并不处于同一生长阶段，其生理状态和代谢活动也不完全一样。因此，如果以群体测定结果的平均值来代表单个细胞的生长和生理特性是不符合实际的。一般研究细菌的生理、生化和性状难以用单个细胞进行，必须用群体，往往把群体内的细胞分裂同步化，这种培养法叫同步培养法。利用同步培养技术使它们处于同一生长阶段，使所有的细胞都能同时分裂，这种生长方法叫同步生长。

同步培养法有两种，即筛选法和诱导法。但微生物易受环境条件变化的影响，所以在选择方法时应注意所用方法不引起微生物形态、结构、生理生化特性的改变。

1. 筛选法

筛选法又称淘析法，主要有过滤法、区带密度梯度离心法和膜洗脱法等。

（1）过滤法　将微生物细胞用滤器过滤，让处于细胞生育周期较早阶段的小细胞通过，收集这些细胞，转入新鲜培养基中，即能获得同步细胞。

（2）区带密度梯度离心法　将随机生长的细胞悬浮置于蔗糖溶液表面，然后离心，不同生长周期的细胞由于体积和质量大小不同，沉降系数不同，同一生长周期的细胞就聚集在离心液的一个区带上，小细胞在上，大细胞在下。这种方法可便于收集处于较早生育周期的小细胞，本法已成功应用于芽殖酵母、裂殖酵母和大肠杆菌等细胞的同步培养（图6-3）。

（3）膜洗脱法　根据某些滤膜可以吸附与该滤膜相反电荷细胞而设计，可获得比上述两种方法数量更大、同步性更高的细胞（图6-3）。

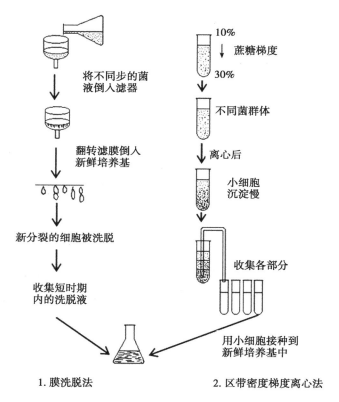

图6-3　获得同步培养菌的方法

2. 诱导法

诱导法是利用一些生理学手段强制微生物达到同步生长的目的。

（1）化学诱导　停止或限制供给微生物细胞分裂所必需的某种养料，使所有的细胞都进入临分裂状态（但不分裂），然后在某一时刻恢复供给细胞分裂所必需的养分，就能诱导出同步细胞群体。

（2）物理诱导　利用某些物理因子，使处于即将分裂的细胞的代谢活动受到抑制，从而使细胞在分裂阶段前停止，以求得以后分裂的同步。如温度，基于细胞生育周期不同，相对地对温度的敏感性也不同。其他物理因子，如光脉冲（对光合微生物）、X 射线等也能诱导同步生长。

四、影响微生物生长的环境因素

微生物的生命活动受周围各种环境条件的制约，微生物的生长发育随环境条件的变化而改变，当环境条件适宜时，微生物的新陈代谢，生长繁殖就正常；当环境条件不太适宜时，微生物的代谢活动就会发生相应的改变；环境条件变化过于剧烈，就可导致微生物主要代谢机能发生障碍，使生长受抑制，甚至变性死亡。因此，在食品工业生产中，人们可以凭借控制和调节各种环境条件，创造有利条件，促进有益微生物的生长繁殖，或利用对微生物的不利环境因素，抑制或杀灭病原微生物或有害微生物，达到食品消毒灭菌的目的。

影响微生物生长的外界环境条件可分为物理因素，化学因素和生物因素三大类。

1. 物理因素

物理因素主要是温度、湿度、渗透压、光线、超声波等。

2. 化学因素

化学因素主要是营养、pH 值和化学药物等。

这两类的主要因素将在下文逐个加以讨论。

3. 生物因素

在食品环境中很少形成单一的微生物区系。许多种微生物生长在一起，形成十分混杂的群体，使微生物与微生物之间，微生物与其他生物之间有着非常复杂而多样化的相互关系。微生物与生物环境之间概括起来有 5 种关系，即互生、共生、寄生、拮抗和猎食。而在食品环境中主要表现为互生、寄生和拮抗的关系。

（1）互生　两种或两类群能单独生活的微生物，当它们生活在一起时，可以互为对方创造良好的生活条件，或者一种微生物的生命活动（主要是代谢产物）改善了另一种微生物的生活条件，这种关系称为互生。所以，互生的有利条件可以是单方面的，也可以是双方面的。例如，具有水解淀粉、蛋白质等大分子化合物能力的菌，为不具备分解这类物质能力的菌提供营养。又如，好气微生物的生活为厌气微生物创造厌气条件等。在自然界，微生物之间的互生关系是十分普遍的，广泛发生着的，其影响也最大。

（2）拮抗 微生物之间对营养、O_2 的争夺，或是一种微生物在其生命活动过程中能产生一种对其他种微生物呈现有害作用的代谢产物，或者改变其他环境条件，从而抑制其他种微生物的生长发育，甚至毒害或杀死其他种微生物，这种关系称为拮抗或抗生。例如，泡菜就是利用乳酸菌在乳酸发酵过程中产生大量乳酸，使环境中 pH 值下降，而抑制腐败微生物的发育；酵母菌在酒精发酵过程中产生酒精，也可以抑制其他微生物生长。特异性拮抗是一种微生物在生活过程中能产生某种或某类特殊的代谢产物，具有选择性地去抑制或杀死其他种微生物，这种特殊物质统称抗生素。许多种真菌、放线菌和细菌都能产生抗生素。目前人们已发现的抗生素有 9 000 多种（1984年统计），抗生素广泛用于人类疾病防治与卫生保健、植病防治、食品保藏和畜牧业生产禽、畜疾病防治等方面。

（3）共生 两种生物生活在一起，双方相互依赖，彼此获益，显示出共同生活比分开单独生活更为有利，而且在形态上常常形成特殊共生体，甚至在生理上也产生未共生条件下所没有的生理特征。如真菌与蓝细菌共同生活形成一种名叫地衣（*Lichen*）的新有机体，具有特定的形状与结构，在生理上也紧密地相互依存，相互有利，真菌菌丝吸收水分和养分供给蓝细菌，而蓝细菌通过光合作用，把水和无机养分合成为有机物质。

（4）寄生 一种生物生活在另一种生物体内，从中摄取所需的营养进行生长繁殖，使后者受到损害甚至死亡的现象称为寄生。营寄生生活的生物称寄生物，被寄生的生物称寄主或宿主。一种微生物可寄生于另一种微生物，如细菌、放线菌常为噬菌体所寄生，微生物还可寄生于植物、动物和人体而引起疾病，甚至死亡。蛭弧菌（*Bdellovibrio*，一种小细菌）可寄生于大肠杆菌或某些 G^- 菌体内。

（5）猎食 某些原生动物和黏菌，能猎取细菌和真菌的菌丝及孢子作为食物的现象称猎食。

第二节 食品的营养组成与微生物的生长

一、食品原料的营养成分

食品中的基本营养物质是蛋白质、碳水化合物、脂肪、无机盐类和维生素类等。来自动物或植物的不同食品原料，所含的蛋白质、碳水化合物和脂肪 3 种主要成分有明显的差别（表6-2）。

表6-2　不同食品原料营养物质组成的比较

食品原料	占有机物（干）的百分比（%）		
	蛋白质	碳水化合物	脂肪
水果	2~8	85~97	0~3
蔬菜	15~30	50~85	0~5
鱼	70~95	少量	5~30
禽	50~70	少量	30~50
蛋	51	3	46
肉	35~50	少量	50~65
乳	29	38	31

二、微生物分解营养物质的选择性

食品被微生物污染后，并不是任何种类微生物都能在食品上生长的，哪些种类的微生物能生长，取决于食品的组成成分和食品的含水分多少，以及食品中一些无机盐类和维生素。食品中的蛋白质被微生物分解利用造成的败坏称为腐败，食品中的碳水化合物或脂肪被微生物分解产酸的败坏称为酸败。

（一）分解蛋白质的微生物

1. 细菌

大多数细菌都有分解蛋白质的能力。一般来说，能分泌胞外蛋白酶的细菌，对蛋白质的分解力特别强，这类型的细菌仅限于少数种类，无胞外蛋白酶的细菌只能利用较简单的氮化合物。分解蛋白质能力特别强的种类有芽孢杆菌属、假单胞菌属、变形杆菌属、梭状芽孢杆菌属。分解蛋白质能力弱的种类有微球菌属、葡萄球菌属、八叠球菌属（Sarcina）、无色杆菌属、产碱杆菌属、黄杆菌属（Flavobacterium）、埃希氏杆菌属等。这类菌在含蛋白质为主的食品上，即使无糖存在也能生长。

2. 酵母

多数酵母对蛋白质分解能力很微弱。例如，红棕色拿逊氏酵母（Nadsonia fulvescena）、白色拟内孢霉（Endomycopsis albicans）、越南酵母（Saccharomyces anamansis）、活跃酵母（Saccharomyces festinans）、巴氏酵母（Saccharomyces

Pasterianus）、啤酒酵母，这些酵母能使凝固的蛋白质缓慢分解。红酵母属中有些种类能分解酪蛋白。总之，酵母对食品的腐败作用不如细菌。

3. 霉菌

许多霉菌都有分解蛋白质的能力，而且霉菌比细菌更能利用天然蛋白质。例如，青霉、曲霉、根霉、毛霉、木霉、复端孢霉等许多种。沙门柏干酪青霉（*Penicillium camemberti*）和洋葱曲霉（*Aspergillus alliaceus*）分解蛋白质更迅速，在有大量碳水化合物的环境中，更能促进蛋白酶的形成。

（二）分解碳水化合物的微生物

1. 细菌

绝大多数的细菌都具有利用某些单糖或多糖的能力，特别是利用单糖的能力更为普遍，某些细菌能利用有机酸和醇类。能强烈分解淀粉的细菌仅是少数，主要是芽孢杆菌属（如枯草杆菌、蜡状芽孢杆菌 *Bacillus cereus* 和马铃薯杆菌 *Bacillus mesentericus* 等）和梭状芽孢杆菌属（如淀粉梭菌 *Clostridium amylobact* 和丁酸梭菌等）；能分解纤维素和半纤维素的细菌仅少数，如芽孢杆菌属、八叠球菌属、梭状芽孢杆菌属和克氏杆菌属（*Klebsiella*）中的一些种；能分解果胶的细菌有欧文氏菌属（*Erwinia*）中的胡萝卜软腐欧文氏菌（*Erwinia carotovora*）、环状芽孢杆菌（*Bacillus cirulans*）、多黏芽孢杆菌（*Bacillus polymyxa*）、费新尼亚梭菌（*Clostridium felsineum*）等，它们都能分泌果胶酶。

2. 酵母

绝大多数不能利用淀粉，少数特殊酵母能分解多糖，如拟内孢霉（*Endomycopsis*）及粟酒裂殖酵母（*Schizosaccharomyces pombe*）。极少数酵母也有分解果胶的能力，如脆壁酵母（*Saccharomyces fragilis*），它是乳糖发酵性酵母。酵母一般都能利用单糖或多糖，大多数种类有利用有机酸的能力。

3. 霉菌

大多数霉菌有利用简单碳水化合物的能力，能分解纤维素的极少，如毛壳霉属（*Chaetomium*）、灰腐质霉（*Humicola grisea*）、曲霉属中的黑曲霉（*Aspergillus niger*）、土曲霉（*Aspergillus terreus*）、烟曲霉（*Aspergillus fumigatus*），青霉属中的橘青霉（*Penicillium citrinum*）、淡黄青霉（*Penicillium luteum*）等。分解纤维素能力特别强的是绿色木霉。分解果胶能力最强的有黑曲霉、米曲霉、灰绿青霉（*Penicillium glaucum*）。其次是蜡叶芽枝霉、毛霉属中的大毛霉（*Mucor mucedo*）和灰葡萄孢霉（*Botrytis cinerea*）等。曲霉属、青霉属、毛霉属和镰孢霉属中的许多种，有利用某些有机酸或醇类的能力。

（三）分解脂肪的微生物

1. 细菌

一般说来，有强力分解蛋白质能力的需氧性细菌中的大多数菌种，同时也是脂肪分解菌，它们能产生脂肪酶，将脂肪分解为脂肪酸和甘油。具有这种分解脂肪特性的菌种不多，分解力特别强的是荧光假单胞菌，其他如黄杆菌属、无色杆菌属、产碱杆菌属、赛氏杆菌属（*Serratia*）、微球菌属、葡萄球菌属和芽孢杆菌属中的许多种都有分解脂肪的特性。

2. 酵母

能分解脂肪的酵母不多，常见的如解脂假丝酵母，这种酵母不发酵糖类，但分解脂肪和蛋白质能力很强。因此，在分析乳制品和肉类食品的脂肪酸败原因时，也应考虑是否被酵母污染。

3. 霉菌

能分解脂肪的霉菌比细菌多，在食品中常见的有黄曲霉（*Aspergillus flavus*）、黑曲霉、烟曲霉、灰绿青霉、娄地青霉（*Penicillium roqueforti*）、代氏根霉（*Rhizopus delemar*）、少根根霉（*Rhizopus arrhizus*）、解脂毛霉（*Mucor lipolyticus*）、爪哇毛霉（*Mucor javanicus*）、白地霉和芽枝霉属等。

由此可见，在自然里没有一种腐生微生物能在各种不同成分组成的食品上都可以生长，也没有一种食品能适合所有微生物生长。从上述资料可以看出，细菌、酵母菌和霉菌对营养物质的分解作用均显示出一定选择性（表6-3），因此，根据食品成分组成特点，就可推测引起某些食品变质的主要微生物类群。

表6-3　微生物对营养物质分解作用的选择性

食品性质	具有显著分解能力的微生物类群	举例菌种
蛋白质	细菌	变形杆菌
	霉菌	沙门柏干酪青霉菌
碳水化合物	酵母	啤酒酵母
	霉菌	黑曲霉
脂肪	霉菌	黄曲霉
	细菌（少量）	荧光假单胞菌

第三节　微生物的生长与温度

一、食品中微生物最适生长的温度类群

温度是影响微生物生长繁殖最重要的环境因素。自然界中各种微生物都有其一定的适宜生长的温度范围，就整个微生物界来讲，在 $-10 \sim 95\,℃$ 的温度范围内均可生长，各种微生物都有其最适生长、最高生长和最低生长温度范围。根据微生物最适生长温度可将微生物分为嗜冷性、嗜温性和嗜热性微生物 3 个生理类群（表 6-4）。

表 6-4　微生物的生长温度范围

类群	生长温度（℃）			分布
	最低	最适	最高	
嗜冷微生物	$-15 \sim 5$	$10 \sim 20$	$20 \sim 30$	水和冷藏物品中的微生物
嗜温微生物	$10 \sim 20$	$25 \sim 30$	$40 \sim 45$	腐生微生物
	$10 \sim 20$	$37 \sim 40$	$40 \sim 45$	寄生人及动物的微生物
嗜热微生物	$25 \sim 45$	$50 \sim 55$	$70 \sim 80$	温泉、堆肥中微生物

但是，不要误解为低温菌（嗜冷菌）的最适生长温度就是低温，大多数嗜冷菌的最适生长温度是 $20\,℃$，只是说嗜冷菌在较低温度下仍能生长相当迅速。

从表 6-4 中可以看出，每类群的微生物都有一定的生长温度范围（或称温距），在这三类群微生物不同的生长温度范围之间，可以找到 3 个生理类群都能适应生长的温度范围，即 $25 \sim 30\,℃$，在这个温度范围内，不论是嗜热、嗜冷或嗜温的微生物都有生长的可能，并且这个温度范围与嗜温微生物的最适生长温度相接近，这个温度范围也是绝大多数细菌、酵母菌、霉菌能够较良好生长的温度范围。因此，在 $25 \sim 30\,℃$，各种食品都有可能因微生物活动而引起变质。若温度高于或低于这共同能生长的温度范围，微生物能适应活动的主要类群就有了改变（表 6-5）。

简明食品微生物学

表 6-5　不同温距中微生物活动的主要类群

低温（<10℃）	中温（25~30℃）	高温（>40℃）
霉菌	霉菌	细菌（少数）
酵母（少数）	酵母	
细菌（少数）	细菌	

二、微生物生长速度与温度的关系

微生物生长速度与温度的关系，常以温度系数 Q_{10} 来表示，即温度每上升 10℃ 后的微生物的生长速度与微生物未升高温度前的生长速度的比。

$$温度系数\ Q_{10} = \frac{在\ (t+10)℃的生长速度}{在\ t℃时的生长速度}$$

多数微生物的温度系数 Q_{10} 值为 1.5~2.5，也就是在一定的温度范围内，温度提高 10℃ 微生物生长速度增快 1.5~2.5 倍。不同的微生物，它们在最适温度下，增代时间各不相同；同种微生物在不同温度下的增代时间也不同（表 6-6），例如，霍乱弧菌为 20min，枯草杆菌约 30min，结核杆菌为 18h。

表 6-6　大肠杆菌在不同温度下的增代时间

温度（℃）	增代时间（min）
20	60
25	40
30	29
37	17
40	19
45	32
50	不生长

三、高温对微生物的影响

在微生物所处的环境温度超过微生物所适应的最高生长温度的情况下，一般对热较敏感的微生物就会立即死亡。例如，多数细菌、酵母和霉菌的营养细胞和病毒在 50~65℃ 条件下 10min 内可致死。但不同的微生物对热的敏感性不同，例如，部分微生物在较高温度下尚能生存一段时间。如嗜热脂肪芽孢杆菌（*Bacillus stearothermophilus*）能在 80℃ 条件下生长，120℃ 下 12min 才死亡；霉菌的孢子比营养细胞抗热性强，需 76~80℃ 条件下 10min 才死亡，细菌的芽孢抗热性更强。噬菌体较寄主抗热。凡是能在 45℃ 的温度环境中进行代谢活动的微生物称为嗜热微生物。与食品有关的，主要是芽孢杆菌属和梭状芽孢杆菌属，其次是链球菌属和乳杆菌属。还有一些微生物既能在一般温度下生长又能在高温中生长，称为兼性嗜热微生物。

（一）嗜热微生物的生长特性

为什么嗜热微生物能在高温中生长繁殖？这个问题还不很清楚，有人认为某些物质是嗜热微生物所特有的，它们具有对热稳定性和抗热性的酶类。如嗜热脂肪芽孢杆菌的 α-淀粉酶在 70℃ 下持续 24h 后仍能保持酶原有的特性。这种细菌内含脂肪类物质较多，由于脂肪凝固温度较高，所以这类微生物生长所需要的温度也高。嗜热菌的鞭毛也具抗热性，在 70℃ 中不被破坏，而嗜温菌的鞭毛在 50℃ 时被破坏。

嗜热微生物的生长曲线中的延迟期非常短，有时几乎难以测出，对数生长期的持续时间也非常短，生长速度较快，有些嗜热菌高温生长增代时间仅 10min，它们进入稳定期，就很快死亡，所以其生理代谢比嗜温和嗜冷微生物快得多（图 6-4）。

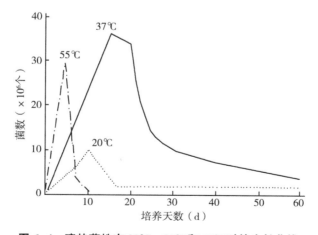

图 6-4　嗜热菌株在 20℃、37℃和 55℃时的生长曲线

（二）热对微生物的致死作用

微生物在超过它们最高生长温度范围时，致死的原因主要是由于高温对菌体蛋白质、核酸、酶系统产生直接破坏作用，如蛋白质中较弱的氢键受热容易破坏，使蛋白质变性凝固。不同微生物因细胞结构特点和细胞性质不同，所以它们的耐热性不同。常用以下几个数值表示。

1. 热死温度

在 10min 内杀灭悬浮于液体中微生物的最低温度。

2. 热（力致）死时间

在特定的条件和特定的温度下，杀死一定数量微生物所需要的时间，称热力致死时间。在一定基质中，以温度为 121.1℃加热杀死一定数量微生物所需的时间，即为 F 值。

3. D 值

在一定温度下加热，活菌数减少 90%，即减少一个对数周期所需要的时间（min），即为 D 值（图 6-5）。测定 D 值时的加热温度数，在 D 的右下角注明。例如，含有某种细菌的悬浮液，其含菌数为 10^5 个/mL，在 100℃的水浴温度中，活菌数降低至 10^4 个/mL 时，所用的时间为 10min，则该菌的 D_{100} 值为 10，即 $D_{100} = 10min$。如果加热的温度为 121.1℃，其 D 值常用 D_r 表示。表 6-7 为几种微生物的 D 值，表 6-8 为一些嗜热和嗜温菌在 121.1℃条件下的 D_r 值。

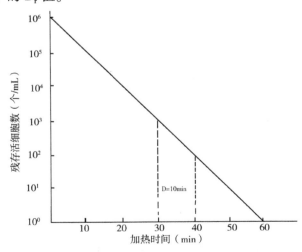

图 6-5　残留活细胞曲线

表 6-7　几种微生物的 D 值

菌种名称	D 值（min）
鼠伤寒沙门氏菌	$D_{55}=10$
大肠杆菌	$D_{65}=5\sim30$
金黄色葡萄球菌	$D_{62}=7$
枯草芽孢杆菌	$D_{100}=20$
酵母	$D_{50\sim60}=10\sim15$
霉菌	$D_{60}=5\sim10$

表 6-8　几种微生物的 D_r 值

菌种名称	D_r 值（min）
嗜热脂肪芽孢杆菌	4.0~5.0
嗜热解糖梭菌	3.0~4.0
致黑梭菌	2.0~3.0
生孢梭菌	0.10~1.5
凝结芽孢杆菌	0.01~0.07
肉毒梭菌（A 型，B 型）	0.10~0.20

4. Z 值

缩短 90% 热致死时间（或减少一个对数周期）所需要升高的温度（℃），即为 Z 值（图6-6）。

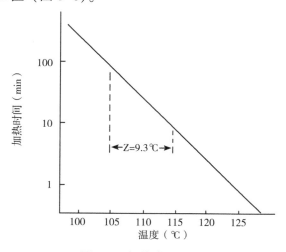

图 6-6　加热致死时间曲线

（三）影响微生物对热抵抗力的因素

第一，菌种不同，它们之间的细胞结构特性及细胞组成特性不同，对热的抵抗力不一样。就一种微生物来说，其个体的差异对热的抵抗力也不同。不同特性的微生物抗热力，一般说来，嗜热菌>嗜温菌和嗜冷菌，芽孢杆菌>非芽孢杆菌，球菌>非芽孢杆菌，G^+菌>G^-菌，霉菌>酵母，霉菌和酵母的孢子>其菌（丝）体。细菌的芽孢和霉菌的菌核抗热力特别大。

第二，同一菌种处于不同生育阶段对热的抵抗力也不一样。在同样条件下，对数生长期的菌体抗热力较差，而稳定期的老细胞较强，老龄的细菌芽孢较幼龄的细菌芽孢抗热力强。

第三，微生物个体数量的影响，菌数越多，抗热力越强，因微生物群集在一起时，其个体受热致死不是同一时间而是有先有后，同时菌体能分泌一些有保护作用的蛋白质，菌数多分泌的保护性物质也多，抗热力也就增强（表6-9）。

表6-9　肉毒杆菌芽孢的数量对热致死时间的影响

芽孢数量（个）	热致死时间（min）
72 000 000 000	240
1 640 000 000	125
32 000 000	110
650 000	85
16 000	50
328	40

第四，基质的影响因素。微生物的抗热力随含水量减少而增大，同一种微生物在干热环境中比在湿热环境中抗热力大；基质中的脂肪、糖、蛋白质等物质对微生物有保护作用，微生物的抗热力随这类物质的增多而增大；基质中不同种盐及其不同浓度对微生物的抗热力作用也不同；因为有些盐类的存在而降低了基质中的水分活性，从而减弱了微生物对热的抵抗力；基质的pH值范围。微生物一般适宜生长的pH值范围是7左右，也是微生物抗热力最强的范围，pH值升高或下降都可以减弱微生物的抗热力，特别是偏酸性环境微生物的抗热力减弱更明显（表6-10）；基质中有一些抑制性物质（如二氧化硫、亚硝酸）和一些具有抗热性的抗生素等的存在，可以减弱微生物的抗热力。

表6-10 枯草杆菌芽孢的抗热力与 pH 值的关系

项目	数值				
pH 值	4.4	5.6	6.8	7.6	8.4
生存（min）	2	7	11	11	9

注：0.2mol/L 磷酸缓冲溶液中加热至100℃。

第五，加热的温度和时间。加热的温度越高，微生物的抗热力越弱，越容易死亡，加热的时间越长，热致死作用越大。在一定高温范围内，温度越高杀死微生物的时间越短（表6-11）。

表6-11 温度对芽孢热死时间的影响

加热温度（℃）	肉毒杆菌（A 型）每毫升含 $6×10^{10}$ 个芽孢缓冲悬液 pH 值 7.0（min）	嗜热菌株 每毫升含 $15×10^4$ 个芽孢玉米汁 pH 值 6.7（min）
100	360	1 140
105	120	—
110	36	180
115	12	60
120	5	17

四、低温对微生物的影响

这里所说的低温是指环境温度低于微生物生长要求的最低温度范围。微生物对低温有很强的抵抗力，低温可抑制微生物的生长，使绝大多数微生物的新陈代谢活动减弱到最低程度，最后处于休眠状态，但并不死亡，仍能在较长时期内保持生命力；有少数种类微生物在低温条件下会迅速死亡；也有少数种类低温微生物能在一定低温下生长。处于低温条件下的微生物，一旦温度提高，即可恢复正常的生命活动，进行生长繁殖。

1. 冰冻对微生物的影响

微生物处于冰冻温度时，细胞内的游离水形成冰晶体，冰晶体扰乱细胞质的胶体状态，以及使细胞（特别是细胞膜）受到机械性损伤；另外，细胞因冰冻失去可利用的水分，造成生理干燥状态，使细胞质浓缩，黏度增大，电解质浓度增高，使细胞质的 pH 值和胶体状态改变，引起蛋白质变性、细胞死亡。不同微生物对冰冻的抵抗力不同，一般来说，球菌比 G⁻杆菌有较强的抵抗力。食物病原菌中的葡萄球菌和梭状芽孢杆菌属较沙门氏菌属有较强的抗冰冻能力。细菌的芽孢和真菌的孢子都具有抗冰冻力的特性。

2. 影响冰冻对微生物作用的一些因素

在冰冻温度中所存活的微生物数，随冰冻状态的延长而逐渐死亡，大多数微生物在冰点附近容易死亡。如−2℃的冰冻环境，菌数的下降比低于这个温度时菌数下降的更多，一般在−20℃以下时菌数下降非常缓慢。例如，荧光假单胞菌在−7～−1℃的低温中15d，菌体死亡率达98%，而置于−29℃条件下同样时间，菌体死亡率只有59%；冰冻的速度对微生物的存活率也有影响，快速冰冻细菌死亡率高，而快速解冻反而死亡率低。反复冻融对微生物细胞有更大的破坏力（表6-12）。

表6-12 不同冷冻方式对黏质赛氏杆菌的影响

一次连续冷冻后	存活菌数（个/mL）	交替冷冻融化后	存活菌数（个/mL）
接种	340 000	接种	340 000
24h	42 000	冻融一次	2 600
30h	36 000	冻融二次	280
48h	11 000	冻融三次	15
96h	1 900	冻融四次	0

微生物在冰冻时所处的条件，如基质的成分、浓度、pH值等均有一定的影响，微生物所在食品的高酸度，多水分，冰冻时微生物会加速死亡。如果食品中有糖、盐、蛋白质、胶体物质和脂肪等物质存在时，对微生物都有一定的保护作用；微生物在干燥和真空的冰冻低温环境中，可保持较长期的存活力。

3. 用低温保藏食品

低温可以减弱或抑制微生物的生命活动，而且在一定的低温范围内，还可以抑制动植物性食品原料中酶的活性，是保藏食品的一项有效措施。根据各类食品性质不同的特点和保藏要求，低温保藏有不同的温度范围。

（1）寒冷温度 介于室温（14～15℃）和冷藏温度之间的温度叫寒冷温度，嗜冷微生物能在此温度范围内生长，但较慢，保藏有效期较短，一般适用于果蔬食品的贮藏。

（2）冷藏温度 在0～7℃的温度叫冷藏温度，一些嗜冷微生物尚能缓慢生长，温度在6℃以下能阻止所有的食物中毒的病原菌生长（除肉毒杆菌E型尚能在3.3℃生长和产生毒素外）（表6-13），可用于贮藏果蔬、鱼、肉、禽蛋、乳等食品，保存有效期短。

表6-13　病原菌的生长与产生毒素的最低温度

菌种名称	生长温度（℃）	产生毒素温度（℃）
金黄色葡萄球菌	6.7	18.0
沙门氏菌	6.7	—
肉毒杆菌A型	10.0	10.0
肉毒杆菌B型	10.0	10.0
肉毒杆菌C型	15.0	10.0
肉毒杆菌E型	3.3	3.3

（3）冻藏温度　低于0℃的温度，在-18℃以下，几乎可以阻止所有微生物的生长，在这种低温下，可以较长期保藏食品，但在冻贮过程中，会破坏食品原有组织细胞的结构性状而影响食品质量，因此常采用速冻法，即在30min内迅速将温度下降到-20℃左右，这样可降低对食品质量的影响。所谓缓冻是指使食品在3~72h内将温度下降到所需要的低温。

低温贮存食品尚不能忽视一部分嗜冷微生物还会生长繁殖而败坏食品，已报道的有13种微生物在-10℃可以繁殖。其中，细菌6种，酵母菌4种，霉菌3种，其中酵母菌比其他微生物能在更低的温度下生长，如红酵母中的一个种在-34℃下仍能生长。

五、冷休克（冷冲击）（Cold shock）

由于温度快速下降，使微生物菌体尤其是处于对数生长期的菌体大量死亡的现象，称为冷休克。例如，一种假单胞菌在30℃下培养，快速下降到-2℃，10min后该菌的残留数为50%；其后，该菌的存活率下降较慢。

冷休克造成死亡的机制可能有两个原因：细胞膜受到损伤，使细胞内的镁离子等不能保持在细胞内。另外，由于冷休克可能引起DNA上一条链的断裂，DNA连接酶不起反应，所以DNA断裂处不能连接。

一般来讲，大肠杆菌、假单胞菌属、气杆菌属、沙门氏菌属和沙雷氏菌等G⁻菌比较容易引起冷休克，而G⁺菌敏感性较低。

第四节　微生物的生长与水分

　　水分是微生物在食品上生长繁殖的必要条件。不论是食品原料，还是半成品、成品食品都含有一定量的水分。存在于食品中的水分有游离水与结合水两种状态。微生物能利用的水分是游离水，游离水是一种很好的溶剂，能使营养物质如糖、盐类、氨基酸等溶解为溶液状态，供微生物吸收利用。微生物进行一系列的生化反应和代谢活动都需要水分。

　　一般来说，含水分多的食品，微生物容易生长，含水分少的食品微生物不容易生长，所以自古以来就利用干燥方法来保存食品。那么，食品中的含水量到底要降低到怎样的程度，微生物才不能生长呢？以前都用质量百分率来表示食品中的水分含量，这种方法不能准确地反映食品中能被微生物利用的实际含水量。就细菌类群的情况来说，有些食品含水量降低到60%，细菌就不能生长，而另一些食品的含水量则要降到40%，细菌才不能生长。这是什么原因呢？不同环境中水的含量是有变化的，用质量分析法测得的含水量很少有助于判断食品对微生物引起腐败的敏感性。因为水的可利用性不单纯决定于水分的含量。如含60%水分的食品中，有较多的可溶性物质被溶解在水中，这样就降低了水的可利用性；而含水量40%的食品中可溶性物质较少，微生物可利用的水分较多。上述两种不同食品按质量百分率来计算所含的水分虽然差别很大，但实际上能被微生物利用的水分却是一致的。因此，近年来在研究水分与微生物的问题时，已采用水活性（Activity of water）来表示。

一、水活性（Aw）值

　　指在相同温度下，密闭容器内食品的水蒸气压与纯水蒸气压的比值。

$$Aw = \frac{P}{P_0}$$

　　式中，Aw表示水活性。P表示在一定温度下基质（食品）水分所产生的蒸气压。P_0表示在与P相同温度下纯水的蒸气压。

　　假如基质为不含任何物质的纯水，其蒸气压力$P=P_0$，则Aw=1；若基质无水，其蒸气压力$P=0$，则Aw=0。因此，Aw最大值为1，最小值为0。

　　一种溶液或物质的水活性，可用它与空气蒸气压平衡时的相对湿度来测定。即将溶液或物质放在一个密闭的容器的空气系统中，使其蒸气压与空气平衡，而后测定空气的相对湿度，就得出该溶液或物质的水活性。相对湿度通常以百分率表示，而水活性以小数表示。例如，相对湿度 80% 就当于 Aw=0.80。若将各种食品放置在恒定的各种温度和相对湿度的空气中，直至它们的水分相互间扩散达到平衡一致，而物料本身的水分又稳定不变时，就能确定各种温度下各种食品的相应的水活性。

二、不同类群微生物的生长和水活性值

一般来说，凡是水活性值（Aw）低的基质，微生物生长都不好，若基质的水活性值低于微生物生长的最低水活性值时，微生物就停止生长。不同类群微生物生长要求最低的水活性值不一致（表6-14）。即使是同一类群的不同菌种，它们生长发育的最低水活性值也有差异。

表6-14　食品中重要微生物类群生长的最低 Aw 值范围

类群	Aw 值范围	类群	Aw 值范围
大多数细菌	0.990~0.940	嗜盐性细菌	0.750
大多数酵母	0.940~0.880	耐渗透压酵母菌	0.600
大多数霉菌	0.940~0.730	干性霉菌	0.650

1. 细菌生长的水活性

细菌生长所需的水分比酵母和霉菌都高，除部分球菌生长的最低水活性值在 0.9 以下，和嗜盐性细菌的 Aw 值为 0.75 以外，其他绝大部分细菌生长的最低水活性值均在 0.9 以上（表6-15），而且最适宜的 Aw 值都在 0.99 以上。

Aw 值的降低，可使细菌生长的滞留适应期延长，细胞分裂速度迅速下降。例如，金黄色葡萄球菌的 Aw 值从 0.990 逐渐下降至 0.900，可见到其生长速度出现相应的直线下降现象。沙门氏菌适宜的 Aw 值为 0.995~0.990，低于这个范围，也同样出现生长速度直线下降。一般食品腐败菌它们的生长最低 Aw 值都在 0.940~0.990。细菌形成芽孢时比生长繁殖时所需要水分要高。例如，魏氏芽孢梭菌（*Clostridium welchii*）的芽孢发芽及生长繁殖的 Aw 值均在 0.960 以上，而芽孢形成的最适 Aw 值为 0.993，低于 0.970 就看不到芽孢的形成，肉毒杆菌和蜡状芽孢杆菌的芽孢发芽要求的水分也比生长繁殖高。

表 6-15　食品中细菌生长的最低 Aw 值

菌种（属）名称	Aw 值	菌种（属）名称	Aw 值
蕈状芽孢杆菌	0.990	产气肠杆菌	0.945
肉毒杆菌（芽孢发芽）	0.980	蜡状芽孢杆菌	0.940
假单胞菌属	0.970	粪链球菌	0.940
蜡状芽孢杆菌（芽孢发芽）	0.970	肉毒杆菌	0.930
无色杆菌属	0.960	八叠球菌	0.930~0.915
大肠杆菌	0.960~0.935	玫瑰色微球菌	0.905
枯草杆菌	0.950	金黄色葡萄球菌（厌气）	0.900
纽波特沙门氏菌	0.945	金黄色葡萄球菌（好气）	0.860
肉毒杆菌	0.950	嗜盐杆菌	0.750

2. 酵母生长的水活性

酵母生长要求的水分介于细菌和霉菌之间。除耐渗透压酵母外，其生长的最低 Aw 值范围为 0.940~0.880（表 6-16）。

表 6-16　食品中酵母生长的最低 Aw 值

菌种（属）名称	Aw 值	菌种（属）名称	Aw 值
产朊假丝酵母	0.940	红酵母属	0.890
裂殖酵母属	0.930	内孢霉属	0.885
面包酵母	0.905	异形魏立氏酵母	0.880
醭酵母属	0.900	鲁氏酵母（耐高渗）	0.600~0.610
啤酒酵母	0.895		

当 Aw 值下降时，在酵母的生长曲线中同样会出现滞留适应期延长和对数生长期增殖速度降低的现象。但在一般加糖食品中，由于加糖量还不足以使食品的 Aw 值降低至多数酵母生长的最低 Aw 值以下，因此还不可能防止酵母的生长繁殖。例如，面包酵母生长的最低 Aw 值是 0.905，若单靠加蔗糖使食品的 Aw 值下降到 0.905 以下，则需要在每升中加入 1 400g 左右蔗糖时，才能抑制这种酵母的生长。因此，在多数加糖的食品中还有酵母生长的可能性。

3. 霉菌生长的水活性

霉菌能在比细菌和酵母更低的 Aw 值下生长（表 6-17）。Aw 值在 0.640 以下，任何霉菌均不能生长。少数霉菌能在 Aw 值在 0.650 时生长称干性霉菌。如灰绿曲霉（*Aspergullus glaucus*）、薛氏曲霉（*Aspergullus chaevalieri*）、匍匐曲霉（*Aspergullus repens*）、赤曲霉（*Aspergullus ruber*）、阿姆斯特丹曲霉（*Aspergullus amstelodami*）等。这些干性霉菌的孢子在 Aw 值在 0.730~0.750 时经 1~4 周，有部分可以发芽，但黑曲霉孢子需 Aw 值接近 0.900 才发芽。Aw 值在 0.700 时，与食品有关的霉菌孢子能发芽的极少见。一般来说，霉菌孢子发芽的最低 Aw 值比霉菌生长的 Aw 值低，如灰绿曲霉孢子发芽的最低 Aw 值是 0.730~0.750，而生长的 Aw 值为 0.850，湿度相对高的环境（Aw>0.850）霉菌的生长能够引起物品和食品严重损坏、霉烂。但生长速度最高的适宜 Aw 值必须在 0.930~0.970。根霉生长最适宜的 Aw 值在 0.980 以上；青霉的生长最适 Aw 值是 0.990，黑曲霉的生长最适 Aw 值约 0.980。

表 6-17　食品中霉菌生长的最低 Aw 值（孢子发芽）

菌种（属）名称	Aw 值	菌种（属）名称	Aw 值
根霉属	0.940~0.920	白曲霉	0.750
葡萄孢霉属	0.930	灰绿曲霉	0.750~0.730
毛霉属	0.930~0.920	薛氏曲霉	0.650
乳粉孢霉	0.895	匍匐曲霉	0.650
黑曲霉	0.890~0.880	赤曲霉	0.650
青曲霉	0.830~0.800	阿姆斯特丹曲霉	0.650
黄曲霉	0.800		

4. 微生物生长 Aw 值的可变性

微生物要求的 Aw 值界限是非常严格的，在其所需的最低营养要求能够满足时，尤其在营养条件非常充分时，微生物生长的最低 Aw 值一般是不会变动的。但微生物在某些因素的影响下，微生物能适应的 Aw 值的幅度有时可以有所变动。

温度是影响微生物生长最低 Aw 值的重要因素。在最适温度时，霉菌孢子出芽的最低 Aw 值可以低于非最适温度的 Aw 值。根据哈温泽累（Heintzeler）研究，温度变动 10℃ 其生长最低 Aw 值通常变动 0.010~0.050。

有氧与无氧的环境对微生物生长的 Aw 值也有影响。兼性厌氧菌金黄色葡萄球菌在无氧环境下，其生长最低 Aw 值是 0.900；有氧的环境为 0.860。若霉菌在高度缺氧中，即使处于最适的 Aw 值也不能生长。

微生物在适宜的 pH 值环境中，其生长的最低 Aw 值可以稍偏低一些。

某些对微生物有害物质的存在，也会影响微生物生长的 Aw 值，例如，环境中 CO_2 浓度较高，有些微生物在最低的 Aw 值范围内就不会生长。研究表明，发现培养基的 pH 值，培养温度以及调节 Aw 值的不同溶质，对肉毒杆菌生长的最低 Aw 值均有影响（表 6-18）。

表 6-18　一些环境因素对肉毒杆菌生长的最低 Aw 值的影响

肉毒杆菌型	pH 值为 7.0			pH 值为 6.0		
	甘油	食盐		甘油	食盐	
	30℃	20℃	30℃	30℃	20℃	30℃
A 型	0.930	0.970	0.960	0.940	0.980	0.970
B 型	0.930	0.970	0.960	0.940	0.970	0.960
C 型	0.950	0.980	0.980	0.950	0.980	0.970

三、食品的渗透压与微生物

食品形成渗透压的物质，主要是食盐和糖。各种微生物耐受食盐和糖所形成的渗透压的程度不一样，绝大多数微生物在低渗透压的食品中能够生长，但在高渗透压的食品中，各种微生物的适应情况不一样。一般说来，绝大多数的细菌不能在较高渗透压食品中生长，仅能在其中生存一个时期或迅速死亡，在高渗透压食品中的时间，取决于不同的菌种，虽有少数菌种能适应较高的渗透压，但其耐受力远不如霉菌和酵母菌；多数霉菌和少数酵母能耐受较高的渗透压，它们在高渗透压的环境中，不但不会死亡，而且有些还能生长繁殖。渗透压对微生物的影响，也可从水活性的改变来认识。

1. 嗜盐微生物

凡是能在 2% 以上食盐溶液中生长的微生物称嗜盐微生物，它们能造成含盐较高的食品腐败变质，如嗜盐细菌引起用高浓度食盐保存的鱼、咸肉或虾皮产生赤变现象。海盐晒场的盐卤中也会由于嗜盐菌的生长产生粉红或红的颜色。

嗜盐细菌分为 3 类。①低等嗜盐细菌。适宜在 2%~5% 食盐浓度的食品中生长，多发现于海水和海产品，例如，假单胞菌属、无色杆菌属、黄杆菌属和弧菌属中的一些种，嗜冷细菌多数属这一类型。②中等嗜盐细菌。适宜在5%~18%食盐浓度的食品中生长，如假单胞菌属、弧菌属，无色杆菌属、八叠球菌属、芽孢杆菌属和微球菌属等中的一些种，最典型的盐脱氮微球菌和腌肉弧菌。③高度嗜盐菌。适宜在20%~30%食盐浓度中生长，如盐杆菌属和微球菌属中的一些种，它们都有产生类胡萝卜素的特性。常引起腌制的鱼、肉、生皮和盐田赤色化。极端嗜盐菌只有当氯化钠近于饱和时才能生长。嗜盐菌特异性地需要 Na⁺，因为它们的细胞壁是靠 Na⁺ 来维持稳定的，它们的许多酶的活性也需要 Na⁺。上述3类嗜盐菌，除副溶血性弧菌（*Vibrio parahaemolyticus*）（低嗜盐）的繁殖速度可与繁殖最快的细菌类群相比外，生长繁殖速度都较缓慢，菌体增代时间嗜盐杆菌为7h，嗜盐球菌为15h。

与食品腐败变质有关的微生物，一般有这样的倾向，在5%食盐浓度下能阻止多数细菌的生长。5%~10%食盐浓度可阻止 G⁻ 菌的生长。形成芽孢的好气菌具有耐盐性，能在15%~20%的食盐浓度中生长。而专性厌氧芽孢菌对盐类具敏感性。

2. 耐盐细菌

能在10%以下，2%以上食盐浓度的食品中生长的细菌称耐盐细菌，如芽孢杆菌属及球菌类几个属中的一些种。它们与嗜盐菌不同，虽能耐较高浓度的盐分，但高盐分并不是生长所必需。如葡萄球菌能在10%食盐浓度中生长，但它们正常生长并不需要这么高浓度的盐分。

3. 耐糖微生物

能在高浓度的含糖食品中生长的微生物，属于这类型的细菌仅限于少数菌种，如肠膜明串珠菌等；耐受高糖的酵母、常引起含有高浓度糖分的糖浆、果酱、浓缩果汁等食品的变质败坏，常见的有鲁氏酵母、罗氏酵母（*Saccharomyces rosei*）、蜂蜜酵母、意大利酵母（*Saccharomyces italicus*）、异常汉逊氏酵母、汉逊德巴利氏酵母（*Debaryomyces hansenii*）、膜醭毕赤酵母（*Pichia membranaefaciens*）等，其中罗氏酵母及汉逊德巴利氏酵母等还具有较强的耐盐性；耐糖的霉菌有灰绿曲菌、匍匐曲霉、咖啡色串孢霉（*Canularia fuliginea*）、乳卵孢霉（*Oospora lactis*）、芽枝霉属、青霉属等。

四、食品的水活性

食品的水活性受环境的相对湿度的影响，如环境的相对湿度低，将会导致食品表面干燥，降低水活性；如果相对湿度高，就会增加表面湿度，提高水活性。当食品的水活性与环境的相对湿度平衡时，此时食品的水活性为

$$Aw = \frac{RH}{100}$$

式中，RH＝相对湿度。

1. 新鲜的食品原料

新鲜的食品原料包括动物性原料和植物性原料，如鱼、肉、乳、果蔬等都含有多量的水分。虽然原料的种类不同，但它们的 Aw 值多数在 0.980～0.990 范围内（表 6-19），这样的 Aw 值正适宜于多种微生物的生长。在一般情况下，微生物先在食品的表面组织表层繁殖，使食品变质败坏，食品表层的水虽会因蒸发作用而逐渐减少，可是食品内层的水分会不断向表层移动，因此，在一定的时期内，食品的表层始终保持着较高的 Aw 值，这样就有助于微生物不断向深层发展。

2. 干制食品

干制食品的 Aw 值较低，在 0.800～0.850，这类含水量的食品，在 1～2 周内，霉菌等微生物就可以在其上生长繁殖，引起变质败坏。若食品的 Aw 值保持在 0.700，就可以较长时间防止微生物的生长。当 Aw 值降低至 0.650，只有极少数的微生物有生长的可能，即使生长也非常缓慢，甚至可保存两年食品也不会变坏。因此，若要较长时间保存干制食品，就得将 Aw 值降到 0.650 以下。

表 6-19　某些食品的 Aw 值

食品名称	Aw 值
鲜肉	0.950～1.000
香肠	0.920
火腿	0.910
萨拉米香肠	0.995
培根肉	0.870～0.950
发酵红肠	0.885
熏肉	0.870
奶粉	0.200
多数干酪	0.950～1.000
蛋粉	0.400
蛋	0.970
咸蛋	0.870～0.950

3. 微生物的生长与食品中水分的变化

微生物在生长繁殖中会发生一系列的物质代谢变化，如呼吸作用，由于有热量的产生，会促进食品中的水分蒸发，从而使食品中的水分含量不断减少。但有些微生物在代谢过程中会有水分产生，这些水分可以从食品组成中的结合水转化而来，若所产生的水分量大于蒸发量，则食品的 Aw 值就会上升，因而食品中活动的微生物种类也可能引起变动。

4. 食品的含水量百分率与水活性

长期来都以分析食品中水分含量的重量百分率来作为控制微生物生长的一项衡量指标。例如，贮藏大米的水分控制含水量为 13%～14%，其 Aw 值即为 0.600～0.640，像这样程度的含水量，任何霉菌都不能生长；含水量升高到 14%～15% 相当于 Aw 值为 0.640～0.700，则少数霉菌如灰绿曲霉会有生长的可能；水分为 15%～16% 时，其 Aw 值即为 0.700～0.730，这时曲霉属和青霉属中的一些种就会生长。因此，含水量 15% 的大米只能贮藏几个月；若含水量在 16% 时，经 2～3 周后大米即发生变质。这两个水分含量虽然不大，但其 Aw 值都在霉菌生长的界限之上，因而霉菌还能生长。防止食品霉变，必须控制其水分不超过防霉含水量。防霉含水量，若根据重量百分率来表示，则不同食品由于溶质不同，因而各有不同的防霉水分含量的界限，若以 Aw 值表示则其 Aw 值都不超过 0.700（表6-20）。

表6-20　不同食品的防霉含水量

食品种类	水分（%）	食品种类	水分（%）
全脂乳粉	8	豆类	15
全蛋粉	10～11	脱水蔬菜	14～20
小麦粉	13～15	脱脂乳粉	15
米	13～15	淀粉	18
去油肉干	15	脱水水果	18～25

注：相对湿度为 70%，温度 20℃。

5. 高渗透压食品中的水活性

通过加糖或加盐而提高渗透压的食品，其浓度越高，食品的水活性越小，见表6-21。能引起高糖食品变质的微生物，只是少数酵母和丝状菌，它们生长的最低水活性值都比较低、生长缓慢。因此引起食品变质过程也很慢，但一旦糖的浓度显著降低，败坏食品的速度就加快。耐糖霉菌本身很少对人体有害，主要问题是招致食品外观不美和变色。由于霉菌是绝对好氧菌，因此，可用厌气的办法来控制霉菌的生长。

表 6-21　食盐、食糖的浓度和 Aw 值的关系

Aw 值	食糖（%）	食盐（%）
0.995	8.51	0.872
0.990	15.40	1.720
0.980	26.10	3.430
0.940	48.20	9.380
0.900	58.40	14.200
0.850	67.20	19.100
0.800	—	23.100

注：温度为 25℃。

　　含较高盐分的食品（如腌肉等）能抑制大多数微生物生长，早已为人所知，早在数千年以前，就知道采用盐腌的办法保藏食物。但盐为何能抑制细菌等的生长？一直不太清楚，最近美国农业部东部研究所的研究人员初步揭示盐能防腐的机制。其中一个发现是当细菌和盐溶液接触时，它们吸收一定盐分。太多的盐分能直接杀死细菌，但是，即使盐分很少，也对细菌的代谢产生影响，细菌要设法将体内的盐分排出体外，保持体内较少的 Na^+，这一活动需要能量。为了得到这一活动的能量，细菌必须停止其他不重要的代谢功能如繁殖等，细菌为了保持自身含盐量低这一代谢要求，也抑制了它对营养物质的吸收。细菌不能吸收营养和繁殖，也就不能引起食物败坏。

第五节　微生物的生长与气体

　　食品在加工、运输和贮藏过程中，由于接触的环境含有气体的情况不一样，因而生长在食品上的微生物类群和引起食品变质的过程也不相同，环境中含有气体包括 O_2、CO_2 和 O_3 等。

一、氧对微生物生长的影响

　　根据微生物与分子态氧及食品环境中氧化还原电位（Eh）关系的不同，可将微生物分为 3 个类型。

　　1. 好氧性微生物

　　这类微生物在生活中需要分子态氧来作为呼吸基质的最终电子和氢的受

体。大多数细菌、所有放线菌和霉菌都属这类型，在自然界中这类型的种类和数量都是最多的。对这类微生物，在食品工业的大规模培养中应采取通气的措施，如通入无菌空气、振荡培养等。

2. 厌氧性微生物

这类微生物在生命活动中，不需要分子态氧存在，进行的是无氧呼吸或发酵（厌氧呼吸）。属于无氧呼吸的微生物如梭状芽孢杆菌属中的丁酸梭菌等都属于专性厌氧菌。所谓发酵（厌氧呼吸）如酵母菌的乙醇发酵等。对于这类厌氧菌在工业发酵中就应采取隔绝氧接触的措施，如利用厌气罐抽气培养，试管培养液的高层培养、液体发酵容器的装满，固体培养基质的压实等。对于保持一定真空度的罐头食品中的非酸性罐头败坏，更应警惕肉毒杆菌引起的食物中毒发生。

另外，乳酸菌中的一些种的呼吸过程不需要分子态氧，实为厌氧性呼吸，但环境中存在少量 O_2 对它们也无害。所以不论在有氧或无氧的条件下，都能进行典型的乳酸发酵。这类微生物称为耐氧性微生物，也称微好氧微生物。

3. 兼性厌氧性微生物

这类微生物在有分子态氧和无分子态氧存在下都能生活，如反硝化细菌，在有 O_2 时，以 O_2 作为最终电子受体，在无 O_2 时，以 NO_3^- 中的 O_2 作为电子受体。另一种类型是酵母菌：在有 O_2 的条件下进行生长繁殖，在无 O_2 的条件下进行发酵作用。我国民间用坛、缸进行酿酒时，一般都懂得刚进料入缸时留有一定空间，经一定时间后，将缸装到接近缸面，这是符合酵母菌生长发育规律的。

二、氧化还原电位（Eh）对微生物生长的影响

分子态氧影响基质的氧化还原状态。在氧化还原反应中，一种物质失去电子，称为氧化，另一种物质得到电子称为还原，电子从一种物质转移到另一种物质，在这二者之间会产生电位差，这种电位差可用电化学仪器测得电位值伏（V）或毫伏（mV），即为氧化还原电位，可用 Eh 值来表示，自然环境中 Eh 值的上限是+820mV，下限为−420mV。氧化能力强的物质 Eh 值较高，还原能力强的物质 Eh 值较低。

环境中 Eh 值的高低与氧分压有关，也受 pH 值高低的影响。pH 值低时，Eh 值高；pH 值高时，Eh 值低。Eh 值通常指在 pH 值为 7 时的氧化还原电位。培养基中还原性物质如含硫氨基酸（半胱氨酸）、谷胱甘肽、硫代

乙醇等的存在，能降低氧化还原电位；水果含有还原性糖等可降低 Eh 值；微生物在代谢过程中产生氢气（H_2），硫化氢（H_2S）也可使 Eh 值降低。

Eh 值对微生物的生长有明显的影响，各种微生物生长所需的 Eh 值不一样，一般好氧性微生物在 Eh 值+100mV 以上的条件下均可生长，最适 Eh 值为+（300~400）mV，厌氧菌只能在低于+100mV 或 Eh 为负值时才生长；兼性厌氧菌在 Eh 值高的情况下进行好氧呼吸，在 Eh 值低的情况下进行厌氧呼吸或无氧呼吸。不同的食品其 Eh 值不同（表6-22）。

表6-22 氧化和还原食品的 Eh 值

食品类别	食品	Eh 值（mV）
氧化性食品	梨汁	+436
	葡萄汁	+409
	柠檬汁	+383
	奶油清	+（290~350）
	奶	+（220~340）
	煮熟碎肌肉（通入空气）	+300
	生碎肉（通入空气）	+225
还原性食品	荷兰干酪	−（20~310）
	瑞士多孔干酪	−（50~200）
	生肌肉（僵硬后）	−150
	小麦（整粒）	−（320~360）
	小麦胚芽	−470

因此，食品的 Eh 值也影响微生物的生长，植物汁液的 Eh 值在+（300~400）mV，所以植物性食品易被需氧性微生物污染而变质，整块肉的 Eh 值为−150mV，不同干酪 Eh 值是−（20~200）mV，搅碎肉 Eh 值为+200mV。为了培养好氧性微生物，可往培养基中通入空气或加入氧化剂，以提高 Eh 值，也可以在培养基中加入还原性物质降低 Eh 值来培养厌氧性微生物。例如，微生物琼脂平板培养，在接触空气的情况下，厌氧性微生物不能生长，如果在培养基中加入还原性物质（如半胱氨酸、硫代乙醇等）后同样接触空气，有些厌氧性细菌就能生长。

三、其他气体对微生物生长的影响

1. CO_2

CO_2 会影响微生物的生长，在环境中 CO_2 含量稍高于大气中正常含量时，一般对微生物生长有促进作用，并发现某些真菌在呼吸过程中，能重新将 CO_2 吸收固定在葡萄糖分解产物中，进一步合成氨基酸，用 ^{14}C 标记的 CO_2 可由黑根霉将其固定在丙酮酸的羧基中；由米根霉固定在乳酸的羧基中等。但高浓度的 CO_2 对微生物生长有抑制作用，不同微生物种对 CO_2 的敏感程度不一样。如粮食密闭贮藏室里的 CO_2 含量升到50%以上时，霉菌活动受到的抑制比细菌和酵母菌显著。不同真菌受抑制的程度还有差别，当 CO_2 浓度由 0.03% 增加到20%~30%，对粮食中的真菌的生长没有明显的抑制作用。有研究表明，在 28℃ 下，气调贮藏室控制 CO_2 含量为90%，O_2 含量为10%，可抑制黄曲霉产生毒素，还有抑制霉菌孢子发芽率的作用。食品贮存于含有高浓度 CO_2 的环境中，可防止需氧性细菌和霉菌所引起的食品变质，但乳酸菌和酵母菌等对 CO_2 有较大的耐受力。大气中含有 10% 的 CO_2 可以抑制水果蔬菜在贮藏中的霉变。在果汁瓶装时充入 CO_2，对酵母的抑制作用却很差。

2. N_2

N_2 在气调贮藏中，控制粮堆一定水平的 N_2 含量，对霉菌的生长和产生毒素也有抑制作用。有试验者以小麦为材料，通过接种培养法，研究 N_2 对黄曲霉、薛氏曲霉、圆弧青霉（*Penicillium cyclopium*）、克鲁斯假丝酵母（*Candida krusei*）4 种真菌生长及对黄曲霉产毒的抑制作用，结果表明，氮气对 4 种真菌都有抑制作用，对黄曲霉产毒也有明显的抑制作用。

3. O_3

O_3 为强氧化剂，除细菌的芽孢外，对各种微生物细胞有强烈的杀菌作用，目前已广泛用于水果等的防腐保鲜贮藏。

第六节 微生物的生长与 pH 值

酸碱度是微生物的重要生活条件。微生物需要在一定的酸碱度的环境中，才能进行正常的生长繁殖。

一、氢离子浓度（pH 值）对微生物生命活动的影响

基质中的氢离子浓度对微生物的生命活动有很大的影响。首先氢离子浓度会引起菌体细胞膜带电荷的变化，因而影响微生物对某些营养物质的吸收；其次氢离子浓度影响微生物代谢过程中酶的活性，如酵母菌在酸性条件下发酵的产物是酒精，而在碱性条件下，发酵的产物是甘油；氢离子浓度还可以改变生活环境中营养物质的可给态和有毒物质的毒性；高浓度的氢离子还可能使菌体蛋白质变性或菌体表面蛋白质和核酸的水解。

二、微生物生长繁殖的 pH 值范围

各种微生物的生长繁殖都有一定的 pH 范围，这个范围总的来说是比较宽的，细菌 pH 值为 3.5~9.5；真菌 pH 值为 2~11。微生物在一定的 pH 值范围内，还可以分为最低 pH 值，最适 pH 值和最高 pH 值。在最适 pH 值范围内，微生物的酶活性最高，如果其他条件适合，其生长速度最高；在最高或最低的 pH 值环境中，微生物虽然尚能生存和生长，但生长非常缓慢，而且容易死亡。各种微生物生长所能适应的 pH 值范围有很大的差异，（表 6-23）大多数细菌的最适 pH 值为 6.5~7.5；放线菌最适 pH 值为 7.5~8.0，酵母菌和霉菌则适合 pH 值为 5~6 的酸性环境。但也有例外，如氧化硫硫杆菌（*Thiobacillus thiooxidans*）能在 pH 值为 1~2 的环境中生活，硝化细菌科（Nitrobacteraceae）中有些种能在 pH 值为 11 的环境中活动。

表 6-23 不同微生物生长的最低、最高和最适 pH 值

微生物	pH 值		
	最低	最高	最适
大肠杆菌（*Escherichia coli*）	4.3	9.5	6.0~8.0
伤寒沙门氏菌（*Salmonella typhi*）	4.0	9.6	6.8~7.2
痢疾志贺氏菌（*Shigella dysenteriae*）	4.5	9.6	7.0
酿脓链球菌（*Streptococcus pyogenes*）	4.5	9.2	7.8
霍乱弧菌（*Vibrio cholerae*）	5.6	9.6	7.0~7.4
结核分枝杆菌（*Mycobacterium tuberculosis*）	5.0	8.4	6.8~7.7
枯草杆菌（*Bacillus subtilis*）	4.5	8.5	6.0~7.5
酵母（*Saccharomyces*）	2.5	8.0	4.0~5.8
黑曲霉（*Aspergillus niger*）	1.5	9.0	5.0~6.0

（续表）

微生物	pH 值		
	最低	最高	最适
嗜酸乳细菌 （*Lactobacterium thiooxidans*）	4.0~4.6	6.8	5.8~6.6
氧化硫硫杆菌 （*Thiobacillus thiooxidans*）	1.0	4.0~6.0	2.0~2.8

三、食品的 pH 值与微生物生长的适应性

各种食品都具有一定的 pH 值（氢离子浓度），动物性的食品原料和植物性的食品原料的 pH 值几乎都在 7 以下，有些原料的 pH 值甚至低于 2（表 6-24）。

表 6-24　不同食品原料的 pH 值

动物原料	pH 值	蔬菜	pH 值	水果	pH 值
牛肉	5.1~6.2	卷心菜	5.4~6.0	苹果	2.9~3.3
羊肉	5.4~6.7	花椰菜	5.6	香蕉	4.5~4.7
猪肉	5.3~6.9	芹菜	5.7~6.0	柿子	4.6
鸡肉	6.2~6.4	茄子	4.5	葡萄	3.4~4.5
鱼肉	6.6~6.8	莴苣	6.0	柠檬	1.8~2.0
蛤肉	6.5	洋葱（红）	5.3~5.8	橘子	3.6~4.3
蟹肉	7.0	菠菜	5.5~6.0	西瓜	5.2~5.6
牡蛎肉	4.8~6.3	番茄	4.2~4.3		
小虾肉	6.8~7.0	萝卜	5.2~5.5		
牛乳	6.5~6.7				

根据食品 pH 值范围的特点，可将食品划分为酸性食品和非酸性食品两类。食品 pH 值在 4.5 以上者称非酸性食品，食品 pH 值在 4.5 以下者称酸性食品。从食品的原料及其制品看，几乎所有的蔬菜和鱼、肉、乳等动物性食品属非酸性食品，所有的水果属于酸性食品。食品中属于碱性的较少。由于绝大多数细菌生长适应的 pH 值在 7 左右，所以非酸性食品细菌生长繁殖的可能性最大，而且能够良好地生长。食品的 pH 值范围越向 7 两端偏移，细菌的生长能力越减弱，生长细菌的种类也越少。当食品 pH 值在 5.5 以下时，腐败细菌已基本上被抑制，但少数细菌，如大肠杆菌还能生长，一些耐酸的细菌，如乳杆菌和乳链球菌仍能继续生长。酵母和霉菌也有在非酸性食

品中生长的可能。

在酸性食品中，值得关心的是微生物在酸性条件下的生长界限。假单胞菌、芽孢杆菌以及肠杆菌科细菌等一般食品细菌生长的 pH 值下限为 4~5；霉菌和酵母生长的 pH 值下限为 1.6~3.2，多数是 pH 值为 2 左右。微生物生长的 pH 值下限与酸的种类也有密切关系，如沙门氏菌在不同酸性条件下生长的 pH 值下限不同，盐酸中 pH 值下限为 4.05，乳酸中 pH 值下限为4.4，庚二酸中 pH 值下限为 5.1。环境中的 pH 值过低，细菌生长会受到抑制，能够生长的仅是酵母或霉菌。因为酵母生长最适宜的 pH 值为 4.0~5.8，多数酵母在 pH 值为 4.0~4.5 的条件下生长良好；霉菌生长最适宜的pH 值为 3.8~6.0。由此可见食品的酸度不同，引起食品变质的微生物类群也呈现出一定的特殊性（表 6-25）。

表 6-25　不同类群微生物对不同氢离子浓度的适应能力

项目	数值与类群	
pH 值	<4.5	>4.5
适应生长的微生物类群	霉菌、酵母菌	细菌

四、微生物在食品基质上生长引起 pH 值的改变

微生物在食品中生长繁殖引起 pH 值的改变，随食品的成分和微生物的种类以及其他一些条件而定。有些微生物能利用食品中的糖分而产酸，使pH 值下降；有些微生物能分解蛋白质产碱使 pH 值上升；有些食品对 pH 值的改变有一定的缓冲作用。一般说来，肉类食品蛋白质含量较蔬菜多，肉类食品的缓冲作用就比蔬菜大。在食品中含有糖和蛋白质的情况下，有些微生物若利用糖作为主要碳源，对蛋白质的分解就显然减少，pH 值即向酸性改变；若糖分不足，而蛋白质含量丰富时，就会导致蛋白质被利用分解，使pH 值往碱性方向改变。由于微生物的作用，使食品的 pH 值上升或下降到超越微生物本身活动所能适应的 pH 值范围时，微生物本身也就终止它们的生长，这时食品中酸或碱的积累作用也就不再继续进行。

在有糖和蛋白质的食品中，经常见到的首先是 pH 值下降而后出现 pH值上升。例如，产气肠细菌（*Enterobacter aerogenes*）利用糖而产生酸，使pH 值下降，约 5h 后，该菌就将酸分解为二氧化碳和水，使 pH 值回升至中性。又如，一些腐败菌在生长初期，由于分解糖不断产酸，糖量降至一定程度时，接着出现的是强力的蛋白质分解，使大量碱性物质积累，造成 pH 值

上升。在发酵食品制造过程中，也可以见到类似现象，这是在几种微生物同时存在时引起的。例如，制备腌菜时，初期由于乳酸菌利用菜液中的糖分而产酸，使 pH 值逐渐下降，直至大量酸积累时，由于酸度过高，乳酸菌生长被抑制，一些具有耐酸特性的真菌，它们能利用酸性物质进行生长，这样就使 pH 值逐渐上升。当 pH 值接近中性时，还可以出现一些腐败细菌的繁殖，最后使 pH 值继续上升。

　　微生物生长繁殖的最适 pH 值与其合成某种代谢产物的 pH 值通常不一样。例如，丙酮丁醇梭菌（*Clostridium acetobutylicum*），生长繁殖的最适 pH 值为 5.5~7.0，而大量合成丙酮丁醇的最适 pH 值为 4.3~5.3。同一种微生物由于培养液的 pH 值不同，积累的代谢产物可能不同。在不同的发酵阶段，微生物对 pH 值的要求也有差异。例如，黑曲霉在 pH 值为 2~3 的环境中发酵蔗糖，其产物以柠檬酸为主，只产极少量草酸；改变 pH 值，使之接近中性，则大量产生草酸而柠檬酸产量很低。酵母菌生长在 pH 值为 4.5~5.0 条件下进行酒精发酵，不产甘油和醋酸，如使 pH 值高于 8 时，发酵产物除乙醇外，还有甘油和醋酸。

五、酸和碱对微生物的作用

　　酸类和碱类都能引起细胞物质的水解或凝固，因而对微生物有一定的毒害，其毒害能力的强弱与酸、碱游离度成正比。

（一）强碱对微生物的作用

　　强碱能水解蛋白质和核酸，使微生物的酶系和细胞结构受到破坏，同时还可以分解菌体中的糖类，引起细胞死亡。一般 G^- 菌和病毒对于碱类较 G^+ 菌敏感，细菌芽孢对碱具有强大的抵抗力，分枝杆菌属（*Mycobacterium*）抗碱力特强。碱杀菌能力决定于离解后的氢氧离子浓度，浓度越高、杀菌力越强，氢氧化钾（KOH）的杀菌力比氢氧化铵（NH_4OH）强。常用各种碱类消毒剂如 5%~10% 石灰乳剂、2%~3% 烧碱（NaOH）等对病毒进行消杀，1%~4% 浓度的 KOH 和 NaOH 对病毒、细菌及其芽孢都有较强的杀伤作用。食品工业生产中常用石灰水、氢氧化钠、碳酸钠等作为环境（地面、墙壁）、工具、机器、冷却池、冷藏库等的消毒剂。

（二）酸类对微生物的作用

　　酸的杀菌作用不仅决定于氢离子的浓度，即酸的杀菌作用与溶液中氢离子浓度成正比，而且与酸游离的阴离子和未电离的分子本身有关。有些无机酸还起氧化剂作用，一般有机酸的离解度比无机酸小，因而氢离子浓度也低，但其杀菌作用有时反而比无机酸强，这说明有机酸的杀菌作用主要决定于整个分子和阴离子。例如，用来作为食品防腐剂的安息香酸（苯甲酸）和水杨酸，在中性和碱性环境中可以电离，在酸性时则电离被抑制。这种酸在酸性环境中，虽然呈不电离状态，但它的杀菌力比在中性时大 100 倍。有机酸的杀菌效果，呈现以下情况：乳酸>醋酸>苹果酸或柠檬酸。酸的杀菌效果同时受到温度的影响。

（三）酸类在食品中的应用

食品工业生产已广泛利用酸类来防腐和消毒，并可增进某些食品的风味。但强酸不宜做消毒剂，因腐蚀性强，一般多用有机酸来防腐和消毒。例如，通过微生物作用制造发酵食品，如牛奶经乳酸菌发酵产生乳酸，制成酸乳、酸奶酪、酸乳酒、冰岛酸奶。蔬菜加适量的盐，经乳酸菌发酵产生乳酸、醋酸和其他有机酸，而制成特有风味的酸菜。也可直接加有机酸制造腌渍食品，在制造酸黄瓜、酸渍番茄、糖醋大蒜等酸渍食品时，除加入糖或盐调味外，再加入一定量的食醋（或醋酸）或柠檬酸，不仅可防腐，而且增进了食品的风味。还可以根据食品原料的性质，加入适量的柠檬酸等使呈酸性反应（pH 值为 4.5 以下），抑制腐败细菌的活动。

在 15min 内，3% 的醋酸可杀死沙门氏菌，4% 的醋酸可杀死大肠杆菌，9% 的醋酸可杀死金黄色葡萄球菌。一般 6%（pH 值为 2.3~2.5）的醋酸可有效地抑制腐败菌的生长。

食品添加酸类防腐剂时，应考虑所加的酸对人体是无毒害的且不影响食品的风味，同时加入量应不超过卫生标准。

1. 苯甲酸（C_6H_5COOH）和苯甲酸钠（C_6H_5COONa）

添加于酸性食品，能抑制酵母和霉菌。抑制酵母的作用比抑制霉菌的作用更大，但必须用于 pH 值为 4.5 以下的食品才有抑制作用，pH 值为 5.5 以上几乎无效。常用于果汁，果酱和其他酸性饮料，最高允许量不超过 0.1%。

2. 山梨酸（$C_6H_8O_2$）及其钾或钠盐

用于 pH 值为 4.5 以下食品，对酵母和霉菌有较好的抑制效果，对霉菌的抑制作用更好。但对所有的细菌抑制作用很差，适用于糕点、干果、果酱、果汁和软饮料，最高用量不超过 0.1%。

3. 丙酸（CH_3CH_2COOH）及其钙或钠盐

在酸性环境中能有效地抑制和延迟霉菌生长，对酵母无效。一般用于面包、糕点和干酪等制品中，最高用量不超过 0.32%。

4. 脱氢醋酸及其钠盐

脱氢醋酸及其钠盐是一类毒性低、广谱性的食品添加剂。对霉菌、酵母和细菌的抑制效果较苯甲酸好，酸度越高，抑菌效力越强，pH 值为 6 时也有效果。但对梭状芽孢菌属及乳酸菌无抑制作用。添加于浓缩橘浆、清凉饮料、炼乳和面包等。例如，在面包中加入相当于其含量 0.005%~0.0075% 的脱氢醋酸，可使面包在 3~5d 内不发生霉变，品味正常。

5. 乳酸（$CH_3CHOHCOOH$）

乳酸的抑制作用和杀菌作用比苯甲酸、酒石酸或盐酸要强得多。浓度 0.3% 的乳酸可杀死铜绿色假单细胞菌，0.6% 的乳酸可杀死伤寒杆菌；2.25% 的乳酸可杀死大肠杆菌；7.5% 的乳酸可杀死金黄色葡萄球菌。可借熏蒸或喷雾来消毒空气，对空气中的病毒有较好的消毒作用。

第七节　食品环境中微生物的抑制、杀灭和防止

一、灭菌、消毒和防腐的概念

1. 灭菌

用一种方法杀死物体上所有的微生物，包括病原微生物和非病原微生物称为灭菌。

2. 商业灭菌

食品经过杀菌处理后，按照所规定的微生物检验方法，在所检食品中无活的微生物检出，或者仅能检出极少数的非病原微生物，但它们在食品保藏过程中不能生长繁殖，这种灭菌要求称商业灭菌。

3. 消毒

用物理、化学或生物学等方法杀死病原微生物称为消毒。具有消毒作用的药剂称消毒剂。

4. 防腐

防止或抑制微生物生长繁殖的方法称为防腐或抑菌。用于防腐的物质称防腐剂或抑菌剂。

二、加热灭菌与加热消毒的方法

加热是消毒和灭菌中使用最广泛，效果较好的方法。加热灭菌可分干热

和湿热两类方法。

（一）干热灭菌

1. 火焰灭菌法

直接用火焰将微生物烧死。这种方法灭菌彻底迅速，主要应用于接种针、试管口及某些金属器械的灭菌，以及带有病原菌的物品材料或动植物体的烧毁。

2. 干热灭菌法

利用电热加热空气，使烘箱的温度达到 $160 \sim 170℃$ 维持 $1 \sim 2h$，就能将所有微生物杀死。这种方法适用于一些玻璃器皿、金属及其他干燥耐热的物品的灭菌。

（二）湿热灭菌法

1. 煮沸消毒法

煮沸消毒方法是将要消毒的物品放在水中煮沸（$100℃$）$15 \sim 20min$，一般微生物的营养细胞即可死亡。但不能杀抗热力强的芽孢，要杀死芽孢必须煮沸 $1 \sim 2h$ 或于水中添加 0.5% 石炭酸或碳酸钠可加速芽孢死亡。这种方法适用于一般食品、器材、器皿、衣服等小型日用品的消毒。

2. 间歇灭菌法

间歇灭菌法是利用流动蒸汽进行灭菌。一般每天蒸煮 30min 可杀死微生物的繁殖体，连续进行 3d。通常于第一次灭菌后置于约 30℃温室中 24h，待细菌的芽孢发芽，再蒸煮 30min，按上述方法再进行第三次蒸煮，这样就可杀死所有微生物的繁殖体和芽孢。这种方法适用于高温易变性的微生物培养基，以及在没有高压蒸汽灭菌设备的情况下用这种方法代替，常用于食用菌栽培料的灭菌。

3. 巴氏消毒法

一般用于不宜用高温灭菌的一些物品或食品。在低于 100℃ 以下进行，这样既可杀死食品中的病原微生物及其他微生物的营养体，又可尽量减少食品营养成分和风味的损失。如消毒牛乳用 $61 \sim 65℃$ 加热 30min 或 $71 \sim 72℃$ 保持 15min，采用这种低温度消毒方法的具体温度和时间是根据不同物品的性状来决定的，即使一种物品也有多种具体消毒方法。这种方法最初用于酒、啤酒、牛奶的消毒，现已推广到食用醋、酱油、干酪、果汁、蛋品、蜂蜜、糖浆等食品。

4. 高压蒸汽灭菌法

必须在高压蒸汽灭菌锅中进行。在正常的大气压下，水的沸点是

100℃，水的沸点随压力增高而增高。高压蒸汽灭菌法是在密闭的容器内，通过加热使容器内的水变成蒸汽，产生蒸汽压来提高水的沸点温度，压力越大温度越高，以达到短时间内完全灭菌的效果。一般采用 121.3℃（103kPa）保持 20～30min，这样就可以保证把全部微生物和芽孢杀死。这种方法适用于不怕高温的物品，如金属器具、玻璃器皿，基础培养基，一些罐头食品以及其他一些耐热物品。对于一些易被高温破坏的物品，则必须改用较低的温度延长灭菌的时间来达到目的。使用过程中必须注意排净锅内的空气。蒸汽压力与温度的关系见表 6-26。

表 6-26　蒸汽压力与温度的关系

蒸汽压力（Pa）	蒸汽压力（kg/cm²）	蒸汽温度（℃）	
		排净空气	未排净空气
0.34×10^5	0.35	109.0	72
0.69×10^5	0.70	115.5	90
1.03×10^5	1.05	121.5	100
1.38×10^5	1.41	126.5	109
1.73×10^5	1.76	131.5	115
1.96×10^5	2.00	134.6	121

三、紫外线对食品环境中微生物的杀菌作用

紫外线的波长范围是 13.6～400nm，波长为 253～265nm 杀菌力最强，波长为 260nm 正是细胞核酸吸收光谱的高峰点。紫外线可使被照射物的分子或原子的内层电子提高能级，但不能电离。对微生物的主要效应是：使 DNA 链断裂，破坏核糖与磷酸的键联；引起 DNA 分子内或分子间的胸腺嘧啶形成二聚体，造成氢键断裂，以及胞嘧啶的水合作用使氢键断裂。由于紫外线穿透力很弱，故只适用空气和物体的表面消毒，以控制空间内或一定物体表面达到少菌或无菌状态。

G^-无芽孢杆菌对紫外线最敏感，用 15W 紫外灯，距离 50cm，照射 1min 或距离 10cm，照射 6s，大肠杆菌、痢疾杆菌和伤寒杆菌几乎全部被杀死。而杀死 G^+ 球菌，则需将照射剂量增大 5～10 倍。病毒和细菌的芽孢抵抗力更强。用于食品表面有一定的杀菌作用，可是对一些含有脂肪和蛋白质，经

紫外线照射后会产生异臭和变色等现象；对饮水消毒有一定的效果。目前饮料厂的净化水已用紫外线消毒。直射紫外线对人体的皮肤及眼睛有刺激作用，使用时必须注意防护（图6-7）。

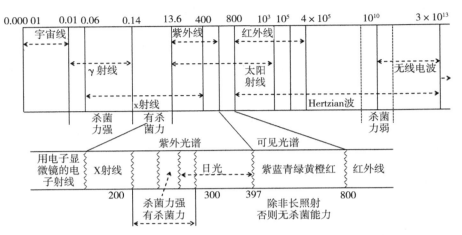

图6-7　电磁波的波长和杀菌作用的关系（单位：nm）

四、常用的化学杀菌剂和消毒剂

常用的化学杀菌剂和消毒剂有下列5类。

1. 重金属盐类

重金属离子带正电荷，易与带负电荷的菌体蛋白结合，使蛋白质变性，有较强的杀菌作用。如汞、银、砷的离子对微生物的亲和力较大，能与细菌酶蛋白的—SH基结合，使蛋白质变性或沉淀，影响细菌的代谢活动。如汞化合物是有效的杀菌剂，常用的氯化高汞（$HgCl_2$）因毒性大、腐蚀性强，已被米他芬（Metaphen）、柳硫汞（Merthiolate）等新的汞化物所代替。

铜盐可以杀死金黄色葡萄球菌和抑制破伤风杆菌的芽孢。铜盐可以使蛋白质分子变性，还可以和蛋白质结合，形成一层沉淀物覆盖菌体表面，阻碍菌体的呼吸作用。

由于重金属对人体有害，在食品加工过程中要防止重金属污染，更不能用重金属进行食品防腐和消毒。

2. 有机化合物

酚、醇、醛等是日常用的杀菌剂。酚能损伤细胞的质膜和胞壁，抑制特异性酶系统（脱氢酶和氧化酶），阻碍细胞正常代谢。酚有甲酚、丙基酚、丁基酚等多种衍生物，甲酚还有对位、偏位、邻位之分，三者混合物即为三甲酚，杀菌力强。煤酚皂溶液（来苏尔）是用肥皂乳化的甲酚，其杀菌力比酚大4倍，这些药品一般用1%~2%的水溶液作为消毒剂，消毒室内外环境。不宜用于与食品接触的手、容器、生产工具以及食品生产场所。

醇类是强烈的表面活性剂，乙醇杀菌作用在于使菌体蛋白脱水而变性，同时乙醇吸附于菌体表面有降低表面张力，改变细胞膜渗透性及原生质结构的作用，一般70%乙醇液作用最强。细胞的繁殖体对乙醇敏感，对芽孢则没有什么作用。其杀菌作用需较长时间。其杀死金黄色葡萄球菌需30min，杀死大肠杆菌需6h。如加入稀酸或稀碱可增加乙醇的杀菌效能，70%乙醇中含有1%硫酸可在24h内杀死枯草杆菌的芽孢，在有碘存在下亦可增加杀菌效能。醇的杀菌作用随着分子量的增加而增强，丁醇>丙醇>乙醇，甲醇最差。

纯乙醇杀菌作用差，原因在于其易使菌体蛋白质表面凝固，形成一个保护层，使乙醇不再渗透入内部。

甲醛多为溶于水中的甲醛溶液，浓度为37%~40%。其杀菌效能在于它具有还原作用，能与蛋白质的氨基结合而变性，这样就破坏了菌体的细胞质，0.1%~0.2%的甲醛溶液可杀死细菌的繁殖体，5%的甲醛溶液可杀死细菌的芽孢。并可作为熏蒸消毒剂，用于消毒培养室、接种室等场所，室内空间每立方米用甲醛溶液6~10mL，再加入甲醛溶液质量1/10~1/5的高锰酸钾，即可使甲醛蒸发出来。但食品生产场所不宜使用。

环氧乙烷能与菌体蛋白及酶中的羧基、氨基、羟基和巯基结合烷基化，使其失去活性，干扰和破坏菌体的代谢活动。有较强的杀菌作用。

3. 氧化剂

高锰酸钾（$KMnO_4$）、过氧化氢（H_2O_2）、过氧乙酸（CH_3COOOH）、次氯酸钙［$Ca(OCl)_2$］等能放出氧气，通过强烈的氧化作用破坏细胞原生质结构，或氧化细胞结构中的一些活性基团，使菌体死亡。

（1）高锰酸钾　一种强氧化剂，浓度0.1%的高锰酸钾即能反映出其杀菌作用，4%的高锰酸钾能杀死细菌的繁殖体（结核杆菌除外），作用较长时间后可杀死芽孢，在酸性环境中其杀菌力增强，在有机物质存在下，杀菌效果降低。

（2）过氧化氢　一种活泼的氧化剂，易分解为水与初生氧，浓度3%的过氧化氢只需几分钟可杀死一般细菌，0.1%的过氧化氢60min可杀死大肠杆菌、伤寒杆菌和金黄色葡萄球菌，1%浓度需数小时才能杀死芽孢，若在60℃下，1min内可杀死50%芽孢。过氧化氢是一种无毒的消毒剂，可用于食品的消毒。目前较普遍用于软包装饮料袋的消毒。

（3）过氧乙酸　一种高效广谱杀菌剂，能迅速杀死细菌、酵母、霉菌和病毒，0.01%的过氧乙酸可杀死大肠杆菌、金黄色葡萄球菌，0.05%~0.5%的过氧乙酸可杀死枯草杆菌、蜡状芽孢杆菌和嗜热脂肪芽孢杆菌。在杀灭细菌繁殖体的过氧乙酸浓度下酵母菌和霉菌也可被杀死。过氧乙酸也可以杀死脊髓灰质炎病毒等病毒。由于过氧乙酸有较强的腐蚀性和刺激性，其使用范围受到限制，但使用后几乎无残毒遗留。适用于各种塑料、玻璃制品、棉布、人造纤维、食品表面（如水果、蔬菜及鸡蛋表面）和地面墙壁等的消毒。手浸洗消毒时，只能用0.5%以下的过氧乙酸，才不会有刺激性。

（4）氯气及漂白粉　氯气能侵入细胞取代蛋白质氨基中的氢使蛋白质变性，同时在水中又能生成次氯酸，次氯酸分解为盐酸和初生氧，破坏细胞质。有较强的杀菌作用；漂白粉含次氯酸钙，在水中生成氯原子和次氯酸。常用于饮水和食品厂用具的消毒，5%漂白粉水溶液在1h内可杀死芽孢，有机质存在会影响杀菌效果。

$$Ca(OCl)_2+2H_2O \rightarrow Ca(OH)_2+2HClO$$
$$HClO \rightarrow HCl+[O]$$

4. 表面活性剂

具有降低表面张力效应的物质叫表面活性剂。能去除表面油污和吸附在微生物细胞的表面，使细胞壁的通透性改变，促使细胞内的物质排出，即呈现杀菌作用。常用的药物，如新洁而灭、杜灭芬和除垢剂等。新洁而灭刺激性小，性状稳定。当高度稀释时，能强烈抑制细菌生长，浓度高时有杀菌作用，但对芽孢无杀灭作用，一般用于皮肤及小型器皿的表面消毒。杜灭芬性状也较稳定，用于皮肤、器械、棉织品、塑料、橡皮等物品消毒。二者的一般使用浓度为0.05%~0.1%，遇到肥皂及其他合成洗涤剂，杀菌作用会减弱。

除垢剂分阴离子型、阳离子型和中性型（非离子型）。阴离子型包括肥皂，高级脂肪酸的钠盐和钾盐、硫酸十二烷基钠和磺酸盐等。阳离子型由四联胺化合物组成。中性型包括聚乙醚和聚三醇脂。阴离子型除垢剂电离时生成阴离子，对G⁺菌有抑菌效力。肥皂的杀菌作用很弱，它能使物质表面的油脂乳化，形成无数小滴，携带菌体，随水冲走。常用阳离子型除垢剂为杀菌剂，它们吸附在菌体的细胞膜表面，使细胞膜损伤，常用作炊具消毒。中性型除垢剂在水中不电离，主要作为乳化剂用。

5. 染料

碱性染料有显著的抑菌作用。这是由于碱性染料的阳离子与菌体的羧基或磷酸基作用，形成弱电离的化合物，妨碍菌体正常代谢，扰乱菌体的氧化还原作用，并妨碍细菌芽孢的形成。

$$R-COOH+B^+ \longrightarrow R-COOB+H^+$$

式中，R-COOH 为细菌蛋白质的羧酸，B⁺染料的阳离子。

各种杀菌消毒剂的使用方法见表6-27。

表6-27　常用杀菌消毒剂的种类、性质与用途

类别	名称	性质	用法和用途
重金属	升汞	杀菌作用强，腐蚀金属器械，对人和动物有害	0.05%～0.1%用于非金属物品及器皿的消毒
	红汞	抑菌力较强，无刺激性	2%用于皮肤、黏膜及小伤口的消毒
	柳硫汞	抑菌力强、毒性低	0.01%～0.1%用于皮肤及手术部位的消毒和生物制品的防腐
	硝酸银	有腐蚀性	0.1%～1%用于皮肤消毒，1%可预防初生儿眼炎
	铜盐	杀真菌和藻类的作用强	$CuSO_4$石灰配制的波尔多液常用于防治植物病害
有机化合物	石炭酸	杀菌力强，有特殊气味	3%～5%用于桌面、地面及玻璃器皿的消毒
	煤酚皂（来苏尔）	杀菌力强，有特殊气味	3%～5%用于桌面、地面及玻璃器皿的消毒，2%用于皮肤消毒
	乙醇	消毒力不强，对芽孢无效	70%～75%用于皮肤及器械的消毒
	甲醛	杀菌作用较强	2%用于浸泡器械和物品表面消毒，加热熏蒸或加$KMnO_4$熏蒸；用于房间及容器的消毒
	戊二醛	刺激性小的碱性戊二醛，杀菌力强	以0.3%$NaHCO_3$调pH值至7.5～8.5，配成2%水溶液，可消毒不能用加热灭菌的物品（如精密仪器等）
	环氧乙烷	气体灭菌剂	主要用于手术、器械、皮毛、食品及医药工业的消毒
氧化剂	$KMnO_4$	强氧化剂	0.1%用于皮肤、尿道及蔬菜、水果等消毒
	H_2O_2	新生态氧杀菌	3%用于被菌污染的部位，还可控制厌氧菌的感染
	过氧乙酸	原液对金属、皮肤有强腐蚀性，可爆炸	0.2%～0.5%用于皮肤、塑料、玻璃、人造纤维的消毒

（续表）

类别	名称	性质	用法和用途
卤素	氯气	气体，刺激性强，有毒	(2~5) ×10^{-7}mg/kg 可作饮水及游泳池水消毒剂
	漂白粉	腐蚀金属和织物，刺激皮肤	10%~20%用于地面和厕所的消毒；0.5%~1%的上清液用于空气和物体表面消毒，也可作饮水消毒剂
	碘	强杀菌剂	2×10^{-7}mg/kg 可作饮水消毒剂，2.5%碘酒用于皮肤消毒
表面活性剂	新洁尔灭	刺激性小	0.05%~0.1%用于皮肤、黏膜及外科手术消毒和器械浸泡消毒
	各种离子型除垢剂	阳离子除垢剂、杀菌较强	
染料	龙胆紫	抑菌作用	2%~4%用于皮肤和伤口消毒

第七章　微生物遗传变异与育种

　　微生物通过繁殖或复制而产生与亲代在形态、结构和生理特性等方面十分相似的子代的现象称遗传。但是，微生物不可能永远在某一特定的环境条件下生活，由于受环境变化的影响，使各种微生物的亲代与子代之间，子代与子代之间形成不完全相同的表型变化，这种表型变化可以遗传下去的现象称为变异。

　　遗传和变异是一切生物的基本属性之一，二者是相辅相成相互依存的一对矛盾，对生物个体和种的生存有着同等的重要性。它们对微生物个体性状相对稳定和推动微生物进化发展起着重要作用。

第一节　微生物遗传的物质基础

一、核酸是遗传物质

　　大量的事实证明，核酸是遗传的物质基础，是蛋白质合成的模板（Template）子代细胞所以能够合成与亲代细胞相同的蛋白质，就是从亲代得到了 DNA，有了一定结构的 DNA 就能产生一定结构的蛋白质，也就有一定性状的遗传。所以说 DNA 是带有遗传信息的物质。1928 年英国 Griffith 首先发现肺炎双球菌的转化现象，肺炎双球菌是一种病原菌，其菌落形态有两种类型，一种是产生荚膜的光滑型（S 型），另一种是不产生荚膜的粗糙型（R 型）。研究者把少量无毒肺炎双球菌（R 型）与大量加热杀死的有毒（S 型）肺炎双球菌细胞混合注射入小白鼠体内，使小白鼠病死，结果意外发现在小白鼠尸体内有活的 S 型肺炎双球菌。1944 年研究者 Avery 等在离体条件下重复了这个试验，将具有荚膜和毒性的 S 型菌株的抽提物加入培养基中培养 R 型菌株，可使其中一部分细菌变为有荚膜、有毒性的菌株，而且移代培养后能遗传下来，其后代都是有荚膜、有毒性。随后，研究者进一步从其菌体中分别提取出 DNA、RNA、蛋白质、脂类及多糖等成分进行试验，结果发现只有 DNA 能使无荚膜、无毒性的细菌菌株变为有荚膜、有毒性的细菌菌株。肺炎双球菌的荚膜是由多糖组成的，多糖的合成必须通过酶（蛋白质）的作用，可是从有荚膜的细菌抽提出的多糖和蛋白质都不能使原来不具荚膜的细菌变为具有荚膜，其他物质也不起作用，只有 DNA 才起作用。

1952 年研究者进行噬菌体感染试验。他们先在含同位素^{32}P 和^{35}S 的培养液中培养大肠杆菌，使大肠杆菌标记上^{32}P 和^{35}S，再让噬菌体 T$_2$ 对它们进行感染，结果获得含标记^{32}P 和^{35}S 的噬菌体，其中标记^{32}P 掺入噬菌体 T$_2$的头部的 DNA 中，标记^{35}S 掺入噬菌体衣壳的蛋白质中。然后用这种双标记的噬菌体感染一般培养液中的大肠杆菌，10min 后，将菌体细胞洗净，捣碎离心沉淀，结果发现几乎标记^{32}P 都在细菌中，标记^{35}S 都在培养液中，证明只有噬菌体的 DNA 利用菌体的某些基质和酶，复制大量与自己相同的噬菌体 T$_2$，同样证明 DNA 是噬菌体 T$_2$ 的遗传物质。

二、DNA 的结构与复制

1. DNA 的化学组成

DNA 是一种由脱氧核糖、磷酸与 4 种碱基组合成 4 种核苷酸，4 种核苷酸再组合在一起的高分子化合物。分子量在 $2.3 \times 10^6 \sim 2.3 \times 10^{12}$ Da。远超过蛋白质的分子量（$5 \times 10^3 \sim 5 \times 10^6$ Da）。DNA 由 4 种核苷酸组成，4 种核苷酸的不同仅仅在于碱基的差异。DNA 结构上的 4 种碱基是腺嘌呤（Adenine，A）、鸟嘌呤（Guanine，G）、胞嘧啶（Cytosine，C）和胸腺嘧啶（Thymine，T）。脱氧核糖上 1 位碳原子与嘌呤 9 位上的氮原子相连，或与嘧啶 1 位上的氮原子相连；脱氧核糖上 5 位上碳原子与磷酸相连，构成 4 种不同核苷酸。

2. DNA 的分子结构与遗传信息

1953 年美国遗传学家华生（Watson）和英国物理学家克里克（Crick）根据英国晶体衍射专家维尔金斯（Wilkins）对 DNA 的 X 射线衍射资料以及碱基含量分析、键长、键角资料和酸碱滴定数据等，提出了像麻花样扭曲的 DNA 双螺旋结构模型：DNA 分子是一个右旋的双螺旋结构，由两条相对的、方向相反的、细长的多核苷酸链，彼此以一定的空间距离，在同一轴上互相盘旋而形成的一个双螺旋扶梯，两边的扶手代表两条磷酸脱氧核糖链，每条链均由脱氧核糖—磷酸—脱氧核糖—磷酸交替排列构成。每条长链的侧面是碱基，由脱氧核糖同它们连接，两条链的两个碱基之间则以氢键相连，虽氢键连接很弱，但数量大。可以维持稳定的螺旋形态，由氢键连接的碱基组合称为碱基配对，即 A—T、C—G 表现为特异的互补关系。DNA 分子共有四种碱基对。即 A—T、T—A、G—C、C—G、A—T 之间可形成两个氢键，G—C 之间可形成 3 个氢键，一个 DNA 分子可以有几十万或几百万碱基对，各对碱基上下之间的距离为 0.34nm，每个螺旋的距离为 3.4nm，即每个螺旋有 10 个碱基对。

这个理论对 DNA 分子的空间结构、DNA 的自我复制、DNA 的相对稳定性和变异性以及 DNA 对遗传信息的贮存与传递等都有了较好的解释。

微生物特定的菌株或变种的 DNA 分子碱基顺序是固定不变的，从而表现了遗传的稳定性。一旦 DNA 的个别部位发生了碱基排列顺序的变化，例如，在特定部位，丢掉或增加一个或一小段碱基，就改变了 DNA 的长短和碱基顺序，就会导致死亡或出现遗传性状的变异。可见碱基对的排列顺序就蕴藏着遗传信息。如果一种碱基对决定一种遗传信息，那么 10 万个以上的碱基对的 DNA 分子就能贮存着极大量的遗传信息，这就说明生物界多种多样遗传性状的分子基础。

3. DNA 的复制

首先在两条链之间的氢键裂开，分成两条结构相同方向相反的多核苷酸链，在酶系统的作用下，以每条单链为模板，按照碱基互补配对的规律，把核苷酸逐个地配到这两条分开的链上的相应部位，各自形成两条互补的链，新连接上的多核苷酸链与原有的多核苷酸链重新形成新的双螺旋链，这种复制方法称为半保留复制。这样可以确保一个机体 DNA 中碱基顺序精确不变，从而控制了物种的遗传特性。

梅塞尔森—新塔尔（Meselson-Stahl，1957）用密度梯度离心法验证了这个理论，他们用 ^{14}N 和 ^{15}N 进行试验，将大肠杆菌首先在含 ^{15}N 的培养基中培养。其抽提出的 DNA 都含有 ^{15}N。然后把菌培养在含 ^{14}N 的培养基中，当菌体分裂繁殖一次（即 DNA 复制一次），一条原来的多核苷酸链应含 ^{15}N，另一条新合成的链应含 ^{14}N。抽提出的 DNA 都杂有 ^{15}N 和 ^{14}N，若复制两次，共合成四条 DNA 链时，其中两个是杂有 ^{15}N 和 ^{14}N，另两个都只有 ^{14}N，^{15}N—^{14}N 和 ^{14}N—^{14}N 的比是 1:1。若复制三次，共合成 8 条 DNA 链时，含有 ^{15}N—^{14}N 杂链的和含有纯 ^{14}N 链的比例为 1:3（或 2:6）（图7-1）。梅塞尔森等用密度梯度法将含杂链 DNA 与纯链 DNA 进行分离，经过分析，验证了 DNA 半保守复制理论。

某些病毒和噬菌体只含有 RNA，则由 RNA 贮存遗传信息，如烟草花叶病毒等。

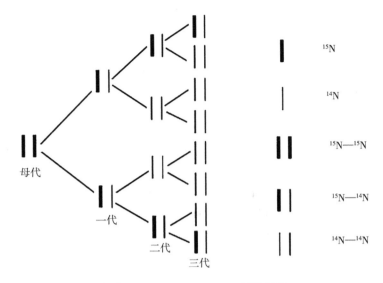

图 7-1   Meselson-Stahl 试验示意

三、基因表达

1. 基因

生物体内贮存遗传信息的因子称为基因或称遗传因子。目前认为基因即在 DNA 上占有一定位置的遗传单元。从分子水平上看，就是 DNA 分子上一个特定的片段，有特定的碱基顺序排列，并控制着特定的蛋白质（酶）的合成。因此，也可以说基因是控制生化反应的一个功能单位。一个 DNA 分子含有许多基因，不同基因所含碱基对数（一般约 1 000 对）和排列次序都不相同，从而控制了不同的遗传性状。如果一个基因的碱基组成和排列发生变化，这个基因就失去正常的功能，并导致生理缺陷、性状改变甚至死亡。

2. 基因的表达

特定的碱基顺序构成的 DNA 片段是遗传信息的贮存物质，贮存的遗传信息需要通过一系列物质变化过程，才能在生理上、或形态上表达出相应的遗传性状。基因怎样表达？基因表达是由 DNA 转录到 mRNA（信使 RNA），再由 mRNA 翻译到蛋白质的过程。性状就是蛋白质（酶）作用的结果。

（1）转录（Transcription）　DNA通过一个中间媒介，即mRNA，来完成对蛋白质合成的控制，mRNA是在核内（真核）或核区（原核）以DNA为模板，在依赖于DNA的单股RNA多聚酶的作用下合成的。mRNA转录了DNA的信息。转录开始时，DNA链解开，在一条链上，依赖于DNA的RNA多聚酶识别一个位点（即复制基因启动子），然后按碱基配对的原则即A—T（U）、G—C配对，将核苷酸逐个排列上去，构成一条与DNA模板链互补的链，这条互补的链只是以U代替T，是将DNA的碱基序列（即遗传密码）复印下来的RNA，代替DNA来行使指令，故称信使RNA。合成的mRNA能从核内出来到细胞质中，在核糖核蛋白体上指导蛋白质的合成。

（2）翻译（Translation）　按照mRNA指导合成蛋白质的过程称翻译。参加翻译过程的有mRNA、核糖核蛋白体、tRNA、4种三磷酸核苷、20种氨基酸以及一些酶。①核糖核蛋白体是蛋白质合成的地方，由核糖体核糖核酸（rRNA）和蛋白质两部分组成，rRNA和蛋白质的比例在各个菌种中不一样，例如，大肠杆菌的核糖核蛋白体中rRNA含量为65%和蛋白质含量为35%，它们结合成30S和50S两个亚基。在有Mg^{2+}存在的情况下组成一个70S的核糖核蛋白体；rRNA的成分不是均一的，有5S rRNA、16S rRNA和23S rRNA等。rRNA约占体内全部RNA的75%~80%。核糖核蛋白体组成在细胞质内，mRNA从核内出来后就到核糖核蛋白体上。②tRNA（转运RNA）有50~60种，是一种小分子（占10%）的核糖核酸，在蛋白质合成中起运输氨基酸的作用，把在细胞质内的氨基酸逐个运到核糖核蛋白体的合成部位上，细胞内有20种氨基酸，各种氨基酸都由相应的特定tRNA结合后而转运。tRNA的分子结构像三叶草，叶柄部分的CCA末端是结合氨基酸的部位。tRNA和氨基酸结合的特异性是由不同的氨基酰化酶决定的。tRNA结构上存在着一个与mRNA密码子对应的三联碱基反密码子，按照mRNA链上的密码序列，将相应的氨基酸一个个地转达到mRNA上去。

（3）蛋白质的合成过程　氨基酸经相应的氨基酰化酶活化后，与特异的tRNA结合。携带着氨基酸的tRNA按照mRNA的密码序列，通过密码子与反密码子的关系（mRNA上的每3个碱基称密码子，tRNA上也有3个碱基与之配对的称反密码子），依次把氨基酸带到mRNA上去，在转肽酶的作用下，使相邻排列的氨基酸以肽键接连形成一条多肽链（图7-2）。当

mRNA 链上的密码子为终止密码时，不能有任何 tRNA 与其对应，也就不可能再有氨基酸被携带上来，这时肽链的延长停止，mRNA 链上的终止密码是UAA、UGA 和 UAG。

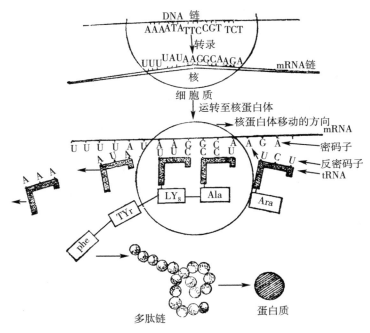

图 7-2　遗传信息的传递和特定蛋白质的合成

3. 遗传密码

蛋白质合成时，mRNA 链上决定各个氨基酸组成多肽的那一组组核苷酸，即对应于氨基酸的各个碱基组合称为遗传密码。在 mRNA 链上每 3 个碱基构成一个三联体，即为一个密码子，每个密码子决定一个氨基酸，遗传密码是密码子的总称。核糖核酸中含有 4 种碱基（即 4 种核苷酸），4 种碱基如何决定氨基酸？若一个核苷酸决定一个氨基酸则只能决定 4 种氨基酸；如果两个决定一个氨基酸，则有决定 16 种氨基酸的可能，但仍不能对应 20种氨基酸。因而考虑由 3 个核苷酸决定一个氨基酸，将有 64 种的可能性，那么 64 个密码子如何对应 20 种氨基酸，实验证明同一种氨基酸可以由不同密码子（2~3 个）来决定（密码子简并）。1955 年发现的一种多核苷酸磷化酶（PNP）能把二磷酸核苷催化成为多核苷酸，应用这个酶可以人工地合成 mRNA 模板，并观察它在体外翻译体系中的作用。人们首先合成了多聚尿苷酸（Poly U），把它放在体外翻译体系中，供给各种 tRNA 和氨基酸以及各种氨基酰化酶。由 Poly U 为模板合成的多肽都是苯丙氨酸多肽，证明密码子 UUU 与苯丙氨酸相关联。同样的实验用合成的 Poly A、Poly G、Poly C 等为模板。在体外翻译体系中所合成的多肽，分别是赖氨酸多肽、甘氨酸多肽和脯氨酸多肽。如何证明碱基密码是三联体？如果按 5∶1 的比例将 U 和 A 组合，按照三联体的假说，根据数理推论，U 和 A 的配合可以有如下的概率：UUU＝苯丙氨酸为 125 种；UUA＝亮氨酸为 25 种；UAU＝酪氨酸为 25 种；AUU＝异亮氨酸为 25 种；AAU＝天门冬酰胺为 5 种；AUA＝异亮氨酸为 5 种；AAA＝赖氨酸为 1 种。进一步的试验证实了这个假说的正确性。因而我们得知遗传密码子是由碱基三联体组成的。每三个核苷酸组成一个遗传密码子，决定一个氨基酸（表 7-1）。

表 7-1　20 种氨基酸的遗传密码

第一位碱基	第二位碱基				第三位碱基
	U	C	A	G	
U	苯丙氨酸	丝氨酸	酪氨酸	半胱氨酸	U
	苯丙氨酸	丝氨酸	酪氨酸	半胱氨酸	C
	亮氨酸	丝氨酸	终止密码	终止密码	A
	亮氨酸	丝氨酸	终止密码	色氨酸	G
C	亮氨酸	脯氨酸	组氨酸	精氨酸	U
	亮氨酸	脯氨酸	组氨酸	精氨酸	C
	亮氨酸	脯氨酸	谷氨酰胺	精氨酸	A
	亮氨酸	脯氨酸	谷氨酰胺	精氨酸	G
A	异亮氨酸	苏氨酸	天门冬酰胺	丝氨酸	U
	异亮氨酸	苏氨酸	天门冬酰胺	丝氨酸	C
	异亮氨酸	苏氨酸	赖氨酸	精氨酸	A
	甲硫氨酸或甲酰甲硫氨酸（起始密码）	苏氨酸	赖氨酸	精氨酸	G
G	缬氨酸	丙氨酸	天冬氨酸	甘氨酸	U
	缬氨酸	丙氨酸	天冬氨酸	甘氨酸	C
	缬氨酸	丙氨酸	谷氨酸	甘氨酸	A
	缬氨酸	丙氨酸	谷氨酸	甘氨酸	G

注：第一位、第二位、第三位碱基符号组成三联体密码子，如 UUU 相对应的是苯丙氨酸。

第二节　基因突变和诱变育种

一、微生物的变异现象

变异一般指在遗传物质水平上发生改变而引起某些性状的改变，因此，变异是可以遗传的。

1. 形态变异

细菌的形态很容易受环境条件的影响而改变。如醋酸杆菌在37℃下液体培养基培养，菌体形状较短、相互连接；若升高温度则菌体伸长；温度降低则个体形成柠檬状等异常形态。有鞭毛的变形杆菌在琼脂平板上生长，形成扩散的菌落称H型，但H型在含0.1%浓度石炭酸培养基上生长，则失去鞭毛而产生分离的单个菌落称为O型；从患病动物或人体分离出来的病原菌，往往形成S型，菌落湿润、边缘整齐、均匀混浊，但在人工培养条件下，经移植若干代后则变为R型。也不一定都是这样（S型），如炭疽杆菌和结核杆菌原始菌型为R型毒性较大，一旦变为S型时，其毒性就相应减弱。

2. 毒性改变

如炭疽杆菌多次移接于小动物（幼龄野鼠、幼龄豚鼠、成年豚鼠、成年兔子）其毒性逐渐加强。而巴斯德氏等将其培养在43~44℃下，经15d后，就可得到毒性减弱的炭疽杆菌，用来制造预防炭疽病的疫苗。如目前的兔化猪瘟弱毒疫苗的制造也类似。

3. 代谢特性变异

啤酒酵母菌本来发酵葡萄糖而不发酵半乳糖，但如在含有半乳糖培养液中缺氧培养，就会逐渐使半乳糖发酵。产黄青霉菌开始只产生20U青霉素，经过多年不断人工处理（紫外线、X射线、γ射线等）后变为产量高达6万U的菌株。

4. 抗药性变异

用杀菌药物如抗生素、磺胺制剂等，如使用不当，没有把细菌全部杀死，留下的细菌就会增强对该药物的抵抗力，容易形成抗药菌株。

5. 抗原变异

生物具有不同的抗原，微生物抗原成分在环境条件的影响下也会引起变异，即失去某些抗原或增添了某些抗原。例如，从伤寒病人分离出来的伤寒杆菌具有一种毒力抗原，即Vi抗原，如把该菌经长期人工培养移植后，Vi

抗原会逐渐消失以致完全失去。痢疾杆菌的某些抗原特性能被痢疾杆菌的免疫血清所凝集。

微生物与动物相比，其变异从速度、深度和范围方面均有显著的差异，微生物易发生变异，因为繁殖速度快，环境因素影响其新陈代谢更多；其次，微生物多数为单细胞结构，能均匀接触外界环境，受环境的作用大。降低了遗传的保守性。同时，因微生物多为无性繁殖，当某些特性变异时立即可显示出来。

二、基因突变

1. 突变

微生物群体中出现个别在形态或生理方面有所不同的变异，而且这种变异能够遗传。这是由于某些原因引起碱基的缺失、置换或插入，改变了基因内部原来的碱基排列次序，引起表现型的改变。即后代突然表现与亲代不同又能遗传的变异称突变。如有荚膜的细菌变无荚膜。在传代中可发现突变是无定向的。微生物的生活条件对突变的发生并无明显的制约关系，但突变体发生后，能否生长、繁殖则决定于生活条件能否满足突变体的要求，如氨基酸缺陷型的突变体，其生长、繁殖决定于环境中有否自己不能合成的氨基酸。

2. 自发突变

在自然条件下发生的基因突变称自发突变。这种基因突变概率极低（或称突变型频度），如细菌的这种概率为 $10^{-10} \sim 10^{-4}$。

3. 人工诱变或称诱发突变

利用诱变因素或诱变剂如物理、化学因素等提高突变率的方法称为人工诱发突变，诱发突变的手段已广泛用于微生物的育种。

4. 回复突变

在自发突变或诱发突变中，出发菌株产生了突变株，突变株又产生突变。变为和原出发菌株相同称回复突变。

三、基因突变的种类

1. 点突变

（1）转换（Transition）　DNA 内碱基对上一个嘌呤被另一个嘌呤所置换，或一个嘧啶为另一个嘧啶所置换。

（2）颠换（Transversion）　DNA 碱基对上一个嘌呤被一个嘧啶所置换

或一个嘧啶为一个嘌呤所置换。

2. 缺失突变

DNA 链上缺失了一段，可能是一个或几个基因或只缺失 1~2 个碱基对，这种突变是不能回复的突变。

3. 倒位突变

DNA 链上一定顺序排列的碱基位置前后颠倒，如原顺序为 ABCDEFG 颠倒为 FGABCDE。

4. 码组移动突变

DNA 链上增加了或减少了一个或多个碱基对，使 DNA 上的碱基序列发生了改变，以致构成了新的三联密码子。并由新的三联密码子合成与原来不同的新蛋白质。

5. 沉默突变

通过点突变或码组移动改变了基因型。但没有发生表现型的变化，这种突变发生在一个氨基酸有多个密码子的情况。例如，密码子 AAA 改变成 AAG，三联体中一个碱基改变了，但改变了的密码子与原来的密码子，都是赖氨酸的密码子，对蛋白质合成没有发生影响，称沉默突变。

四、诱变育种

诱变育种就是利用物理、化学等诱变因素诱发基因突变，然后根据育种的目标，从无定向的突变株中筛选出具有某优良性状的突变株。

（一）物理诱变

1. 物理诱变因素

有紫外线、X 射线、γ 射线、快中子、β 射线以及激光诱变。微生物育种中应用较多的是紫外线、X 射线、γ 射线等。它们和可见光都是电磁波，不同电磁波波长范围不同（表 7-2）。

表 7-2　不同电磁波波长范围

电磁波	波长（nm）
可见光	400~760
紫外线	13.6~400
X 射线	0.06~100
γ 射线	0.01~0.14

不同电磁波的量子能量不等，波长越短、电磁波的量子能量越高，高能量的 X 射线和 γ 射线照射在分子上，能产生电离作用，将分子中的电子打出来产生离子，因此又称电离辐射。而紫外线属非电高辐射。

2. 辐射的诱变机制

紫外线诱变主要是对 DNA 的作用，由于 DNA 对波长 253.7~260nm 的紫外线有强烈的吸收作用。因为核酸共轭双键的紫外线吸收峰就在这个范围内，主要效应有以下几种。①引起 DNA 链断裂，破坏了核糖（S）和磷酸（P）的键联。②引起 DNA 分子内的交联，特别是形成二聚体，如胸腺嘧啶（T）的二聚化作用，还能引起两个 DNA 分子之间的交联作用，一条链上相邻的 T 的二聚化作用，造成氢键破裂，两条单链间的 T 的二聚化，造成两条单链的交联。③C 和 G 的水合作用造成氢键的断裂，因而阻碍了 DNA 的复制或引起了碱基排列顺序的变化，从而导致死亡或突变。但这种突变不明确 DNA 的那一部分变化或引起了那种特定碱基对排列的变化——无定向性。DNA 经紫外线照射后形成 T 的二聚体碰到光线，会使这种酶复活成单体，所以在暗中照射或用黑纸包上突变体以防光复活效应。

X 射线和 γ 射线使各种分子发生电离现象，照到细胞上，可直接打击核酸引起电离，也可以先打击细胞所含的水，引起水的电离，形成自由基（H· 和 OH·），自由基的化学活性很强，能与核酸反应，产生次生的电离作用。核酸的离子同样极其活跃，能产生多种反应，如引起 DNA 大分子断裂、双螺旋中的氢键断裂或断裂后再交叉连接、或促使碱基降解，使碱基丢失以及产生过氧化物等。所有这些变化都会引起细胞死亡或导致基因突变（图 7-3）。

3. 辐射剂量

辐射剂量＝辐射强度×时间。

辐射强度决定于辐射源的本质以及辐射源和被处理物间的距离。一般辐射源和距离不变，剂量和处理时间成正比。绝对剂量可用单位面积所受的能量表示，相对剂量则可用规定条件下处理的时间表示。辐射剂量的诱变效应因不同的辐射源而异，X 射线和 γ 射线的计量单位是戈瑞（Gy）。处理微生物，以单位时间内，1g 空气吸收的射线能量（即产生离子对的数量又称射线强度）计算；紫外线以放出光谱集中在 254nm 的 15W 紫外灯管照射的不同时间表示。辐射处理的适宜剂量，宜先进行致死剂量的处理试验。不同微生物达到同等致死剂量所需射线剂量可相差几百倍。

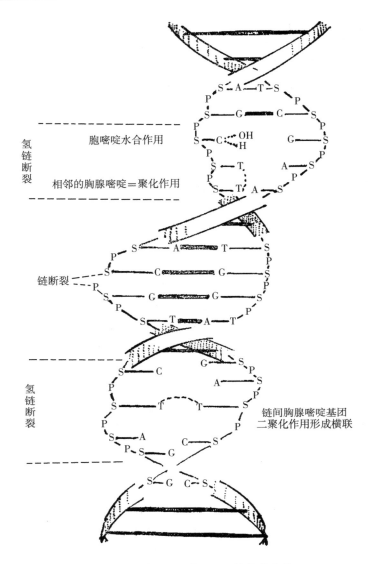

图 7-3　紫外线引起 DNA 结构的变化

4. 影响辐射效应的因素

辐射效应可因某些本身不具有诱变或杀死作用的因素而增强或削弱。

（1）氧效应　较高的氧分压能提高 X 射线的效应，但对紫外线影响不大。氧存在能促使高度活化的自由基及过氧化物的形成。使生物对 X 射线更敏感。照射前后对 O_2 浓度不敏感。

（2）光复活作用　不同微生物种类对光复活的波长不同。大肠杆菌为 375nm。灰色链霉菌为 435nm，然而如将照射后的细胞置于暗处或高温下，可降低或避免光复活作用。

（3）许多药品对辐射的诱变和杀菌作用有保护和消除作用　例如，丙酮酸、琥珀酸或葡萄糖等先和要照射的细菌共同培养一段时间，可发挥很大的保护效果。

（二）化学诱变

1. 化学诱变剂

不少有机和无机化合物对微生物有诱变作用统称诱变剂，效果较好的只有 10 多种，主要有亚硝胍、亚硝酸、羟胺乙烯亚胺、硫酸二乙酯、氮芥、吖啶黄、吖啶橙、碱基类似物等。

2. 化学诱变机制

通过掺入 DNA 分子而引起突变，例如，碱基类似物（5-溴尿嘧啶、5-氨基尿嘧啶、8-氯鸟嘌呤、6-氯胸腺嘧啶、2-氨基嘌呤等），它们通过代谢作用掺入 DNA 分子中起诱变作用。而对代谢作用基本上停顿的细胞不起作用。对于离开细菌的噬菌体不起作用，对于离体的 DNA 也不起作用。

通过和 DNA 碱基直接起化学反应而引起突变。多数化学诱变剂属于这类型，所以对代谢作用几乎停顿的细胞（如芽孢）、离开细菌的噬菌体和离体的 DNA 都可以诱发突变。例如，亚硝酸能使腺嘌呤脱去氨基而成为次黄嘌呤；使胞嘧啶脱去氨基而成为尿嘧啶，然后在 DNA 复制时通过碱基配对的转换而引起突变（图 7-4）。

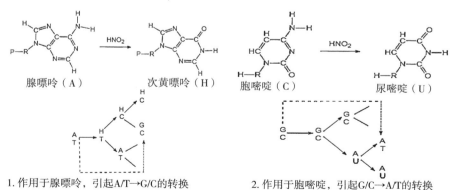

1. 作用于腺嘌呤，引起A/T→G/C的转换　　2. 作用于胞嘧啶，引起G/C→A/T的转换

图 7-4　亚硝酸的诱变机理

通过一个核苷酸的插入或缺失而引起突变。这类突变称为移码突变,如吖啶黄、吖啶橙等染料能引起这类突变。移码就是密码编组的移动。假设一个正常基因的密码编组是 ABC、ABC、ABC、ABC,在前面插入一个核苷酸 A 时,就导致编码的改变,成为 AAB、CAB、CAB、CAB、C,失去一个核苷酸也可以造成同样的后果。

(三) 诱变剂量的选择

无论物理诱变因素或化学诱变因素,都只有在有效处理剂量范围内才产生诱发突变作用。所谓处理剂量首先是指处理因素对微生物的生物学效应。

1. 致死剂量

就是将微生物全部杀死的剂量。一个纯培养菌落的所有个体对处理因素的抗性是不同的,因此。将它们全部杀死的剂量也就是杀死其中最顽强个体的剂量。

2. 亚致死剂量

将一个纯培养菌落的大量个体的绝大部分杀死,只留下很少个体活下来,例如,杀死 99% 以上,存活不到 1%,或杀死 90% 以上,存活的不到 10%。

3. 弱致死剂量

杀死一大半。存活一小半。如杀死 70%,存活 30%。

诱发突变一般采用亚致死剂量,其中有些个体的 DNA 没有受到伤害,它们的后代没有发生变异。或者只有极少数突变体;一些个体的 DNA 受到一定程度伤害,改变了一小段碱基排列顺序,但仍未失去复制的基本能力。这样就诱发了新基因型突变体的产生,达到提高诱发率的目的。但近来也有使用弱致死剂量诱发,并认为这个剂量正变率高。

此外,同一诱变因素对不同微生物或同一微生物不同发育阶段的致死量也有不同,一般对多核细胞选用的剂量不宜过低,如双核细胞在低剂量时,可能一个核不受影响而另一个核诱发了变异,则这个细胞将形成不纯的菌落。高剂量则可能一个核被破坏,另一个核诱发了变异,而得到纯的变异菌落。

(四) 变异菌株的筛选

经诱变处理的单细胞菌落,绝大多数是性能不及被诱发菌株的负变菌株,极少数是正变菌株,筛选即有效地从大量不定向的突变体中,有目的的选出所需要的正变个体。包括优良菌株的鉴别和不良品系的淘汰。一般可通过代谢产物的测定或菌落形态特征的观察进行。

1. 代谢性能的测定

初筛可在平板中进行，如筛选某种有机酸（柠檬酸等）的高产菌株，可在平皿培养基中加入酸碱指示剂或 $CaCO_3$。根据单细胞菌落周围指示剂变色圈或 $CaCO_3$ 溶解圈的直径和菌落直径的比值，初筛高产菌株。在蛋白酶产生菌的育种中，可根据酪蛋白培养基上透明圈直径与菌落直径的比值进行初筛。

2. 形态特征观察

相关性状观察，例如，在诱变链霉素产生菌时，发现凡是孢子呈灰绿的、营养菌丝光秃的一般效价低。又如，灰黄霉素产生菌中曾发现菌落棕红色变深者产量常有提高。经紫外线处理的土霉素产生菌，凡菌落形态产生变异者，其产量却低于原始菌株。在形态未变的菌株中产量增加和减少者大致相等。因此，丢弃形态改变的菌株，只测形态未变的菌株可提高筛选效率。

（五）优良菌株的保存

选育出的优良菌株，应力求稳定地保存其优良特性不变，活力不降低，菌体不死亡。但由于微生物的自发突变，往往在原始菌株中已经产生突变而没有察觉。如果突变株细胞特性较差，生长又占优。就会表现菌株退化。最常用的预防菌株退化措施有以下几项。

一是经常观察菌种的形态、生理，性状是否发生变化。

二是尽量减少微生物的分裂繁殖次数（置于低温、干燥、缺氧环境）以减少变异的机会。如低温保存、石蜡封闭、沙土管干燥、麸曲保存、冷冻干燥、液氮超低温等方法保存。控制菌种的代谢和繁殖，以保持原菌株旳特性不变。

三是将拟长期保存的优良菌株的试管斜面培养物的棉塞或硅胶塞，以无菌操作换上无菌的、与管口适配的橡胶塞，至少塞入 1cm 左右，用防水纸或塑料膜包好，置于 4℃普通冰箱中。1999 年前后用这种方法保存的十几管菌株，包括金针菇、灵芝、灰树花等食药用菌，2017 年 10 月移植全部成活，生长旺盛。该方法简单易行，值得一试。

四是繁育生产用的菌种，连续移植次数要少，每次移植的数量要多。以降低菌种突变退化的概率。

第三节　基因重组与杂交育种

基因重组也称遗传重组，它是指将两种或两种以上的不同 DNA 分子，在同一生物体内经过交换作用，而产生新的 DNA 分子，由此生成含新的 DNA 分子的重组生物体，就与其亲代性质不同，而且所得的基因可遗传给它的后代。真核生物的基因重组通过有性生殖方式有规律地进行，而细菌等原核生物因其尚无完整的有性生殖方式，其基因重组就必须依靠特定的条件才能发生，而且其重组方式也有所不同。也可在人为设计的条件下发生，用于微生物育种。其重组的途径有转化（Transformation）、转导（Transduction）、接合（Conjugation）、转染（Transfection）和转座（Transposition）等。

一、接合

完整的供体菌和受体菌细胞直接接触而传递大段 DNA（包括质粒）的遗传信息称接合。是一种较为低级的有性生殖方式。Lederberg 和 Tatum 于 1946 年首先发现细菌接合现象，这一发现对微生物遗传工作起了很大推动作用，他们的经典试验是这样进行的：取两管营养缺陷型的大肠杆菌的突变菌株，一管菌株培养基中供给生物素（Bio）和甲硫氨酸（Met）；另一管菌株培养基中供给苏氨酸（Thr）、亮氨酸 Leu）和硫胺素（Thi），将这两管菌株在完全培养基上混合培养过夜，然后离心分离，洗掉完全培养基，再涂布到不含上述 5 种成分的基本培养基上，长出的菌落的基因型是 Bio-Met-Leu-Thr-Thi-，其出现频率大约为 10^{-7}，而分别涂抹在基本培养基两个菌株的对照组都没有长出菌落，说明这两个菌株已进行了杂交重组。

两个细胞之间遗传物质的接合转移是有方向性的。有 F 因子（性因子或致育因子）才能作为供体，没有 F 因子为受体，F 因子是一种质粒，分子量比较小呈环状的 DNA，它独立于染色体外而能进行复制。1951 年研究者揭示了 F 因子在细胞内有两种存在状态，即游离于细胞染色体外和整合在染色体上。后者杂交频率比前者高得多，称高频重组（Hfr）。F 因子是能转移的，游离态的 F 因子只能带本身的遗传信息转移；而整合在受体菌染色体上的 F 因子可以带一小段染色体 DNA 而转移。F 因子整合到染色体上去时。染色体上必须有与 F 因子同源配对的区域，F 因子在同源配对区与染色体配对。然后经过一次交换而整合到染色体上去，整合在染色体上的 F 因子可以再从染色体上游离下来。并且常带有一小段染色体变成 F'。以区别独立于染色体外的 F，F'就像转导噬菌体。在遗传上意义重大，可以用于重建菌株。细菌和放线菌都存在接合现象，其中大肠菌、沙门氏菌、志贺氏菌、假单胞菌属的一些种最为常见，已成功地将肺炎克氏杆菌（*Klebsiella pneumoniae*）的固氮基因传递到大肠杆菌中。

二、转化

受体菌直接吸收了来自供体菌的 DNA 片段，并把它整合到自己的基因组中。从而获得了供体菌部分遗传性状。能进行转化的细菌很多，如芽孢杆菌、肺炎双球菌、嗜血杆菌、奈氏球菌、假单胞菌和根瘤菌。

1923 年 Griffith 将具有毒性的、菌体外有厚层荚膜形成的、表面光滑的 S 型菌落的肺炎球菌的培养物研碎。制成不含细胞的碎片悬液，和没有毒性不具荚膜形成表面粗糙的 R 型菌落的肺炎球菌的细胞混合培养。结果发现少数 R 型菌株细胞转化为 S 型，形成 S 型菌落。1944 年 Avery 证实肺炎双球菌的转化因子是 DNA，由于 S 型的 DNA 进入 R 型细胞，发生基因重组。

三、转导

通过温和噬菌体（或称转导噬菌体）的媒介作用。将一个菌体内特定的基因转移到另一菌体中，使后者也获得这一特性的作用叫转导。例如，A 菌能抗四环素，B 菌不抗四环素，有某种噬菌体能侵入这两种菌。侵入 A 菌后在它的 DNA 复制过程中，重组入 A 菌染色体的一小段、存有抗四环素基因的 DNA，增殖的噬菌体在 A 菌细胞裂解后释出，它们的 DNA 链上都组合有一小段 A 菌的 DNA，当它侵染 B 菌时，A 菌的一小段 DNA 就被引进入 B 菌。若噬菌体对 B 菌是温和性的，B 菌细胞能继续分裂繁殖（溶原性），因得有 A 菌的一小段遗传物质，通过重组将表现出 A 菌的抗四环素性能。

转导可分两个类型，即普遍性转导和局限性转导，普遍性转导是由温和噬菌体携带（而非结合）了供体菌基因组中的任何一部分染色体片段，在感染受体时，转移给受体菌而使后者获得前者的这部分遗传性状；局限性转导是当某一溶原菌群体被诱导而发生裂解时，其中极少数个体的染色体可与噬菌体染色体发生若干特定基因的交换，从而整合到噬菌体的基因组上，当噬菌体重新感染一个受体菌时，使后者获得了这一特定遗传性状，这首先在

大肠杆菌 K_{12} 温和噬菌体中发现。有转导作用的有大肠杆菌、沙门氏菌、志贺氏菌、变形杆菌、假单胞菌、芽孢杆菌等。转导必须由温和噬菌体作为媒介。

四、转染

用噬菌体 DNA 为载体,在体外插入一段外源 DNA 片段而重组,通过转化方式使与能感染的细菌细胞接触,进入受体菌内而复制,转化了外源 DNA 上的遗传信息给受体菌。

五、霉菌的准性生殖

霉菌的准性生殖是一种类似有性生殖,但比有性生殖原始的繁殖方式。通过准性生殖,一些不产生有性孢子的霉菌也能进行细胞核的融合和遗传因子的重组,从而达到杂交的目的。

1. 形成异核细胞

具有不同性状的两个菌株的菌丝互相连接进行质配,使一个细胞内并存有不同遗传性状的核,称异核体。一般发生于分生孢子发芽初期,有时也可发现在孢子发芽管和菌丝间。

2. 形成二倍体

即进行核配使细胞二倍体化。异核细胞极不稳定,异核体中的两个不同源的核能通过核配形成二倍体核。二倍体核稳定,但在准性生殖中自发形成稳定二倍体细胞频率低,进行诱变可获较多的二倍体,一般二倍体分生孢子的体积比单核孢子大,DNA 含量多。所以可由分生孢子大小鉴别单倍体或二倍体菌株。

3. 分离子的产生

二倍体虽然较稳定,但后代仍有分离现象,分离出隐性的亚系和少数具有新性状的单倍体、二倍体或非正倍体。这是由于细胞分裂中偶尔发生染色体减数分裂的现象,导致单倍体和非正倍体分离子的形成,一般通过两个缺陷型菌株杂交后形成具有新性状的单菌落,筛选出二倍体细胞。我国产生灰黄霉素的优良菌株,就是采用营养缺陷型菌株杂交获得的。

六、基因工程

基因工程又称基因剪接或核酸体外重组。将不同生物体的 DNA 导出,经人工剪接后，重组成一个新的 DNA 分子，再输入菌体细胞中去。两个不同源的 DNA，一个是载体 DNA，另一个是含有特殊基因的供体 DNA 片段，重组的 DNA 分子具有原载体所没有的基因，再将重组的 DNA 分子导入新的受体细胞而复制。基因工程研究的关键是限制性内切酶和载体。限制性内切酶是 20 世纪 60 年代末波以尔等首先从大肠杆菌中分离获得的，它能专一地切断 DNA 分子的特定部位，并在切断处形成具有黏着活性的末端单链（黏接末端），使 DNA 分子在体外进行剪接和重组有了实际可能（图 7-5）。目前已陆续发现几十种，它们的切点各不相同，所以可以分别选用。例如，大肠杆菌不同抗药性因子分别产生的 $EcoR \; \mathrm{I}$ 及 $EcoR \; \mathrm{II}$ 内切酶。都只在一个特定部位进行剪切（切断）。

1. $EcoR \; \mathrm{I}$ 的切点

```
   G ─┌ A ── A ── T ── T ── C
      │┄┄┄┄┄┄┄┄┄┄┄┄┄┄┄┄┐
   C ── T ── T ── A ── A └─ G
```

所形成的黏接末端：—G。

2. $EcoR \; \mathrm{II}$ 的切点

```
   ……┌ C ── C ── A ── G ── G……
      │┄┄┄┄┄┄┄┄┄┄┄┄┄┄┄┄┐
   …… G ── G ── T ── C ── C └……
```

由同一种内切酶切开的末端单链是相同的，它所切开的两个不同源的 DNA 分子也就有了相应的末端单链。向生物体细胞输入基因，需要有一种携带基因的载体，目前应用最多的载体是质粒和 λ 噬菌体。

基因工程技术方法如下。一是选择适宜的供体细胞，以便从中采集所需的某种基因。二是选择适宜的载体 DNA 分子。三是应用同一种限制性内切酶分别处理供体 DNA 和载体 DNA，使产生相同的黏接末端。四是在 DNA 连接酶的作用下两个配对的黏接末端连接起来，相应的互补碱基以氢键相连形成一个新的重组的载体 DNA 分子。五是将重组的载体 DNA 分子加入受体细胞培养液中，受体细胞吸收载体，载体在受体细胞内复制，使受体细胞以及后代获得供体细胞的基因和相应的新属性。

基因转移不仅能在原核生物之间进行。例如，已能将金黄色葡萄球菌的青霉素抗性基因转移到大肠杆菌中去，并表达出来，而且已成功地在原核与

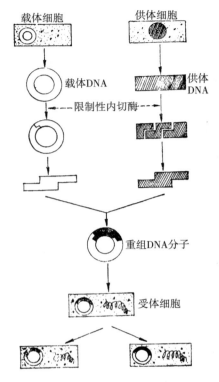

图 7-5　基因工程示意

真核生物之间进行基因重组，将哺乳动物的生长抑制激素基因移植到大肠杆菌中去，创造了能产生生长抑制激素的大肠杆菌菌株。

第八章　食品生产与微生物

　　自然界中存在的微生物，在物质转化过程中起着巨大的作用。它们和人类的生活、生产有着密切的关系，它们可使食品腐败变质；可引起人和动植物的病害；也可引起人们生产生活的日用品等物质发霉、变质、腐烂，造成重大的经济损失，这是对人类不利的一面。它们还有对人类生活、生产极为有利的另一面，例如，微生物可应用于地质勘探、畜牧饲料制造、菌肥制造、冶金工业中的炼铜、医药制造、化工原料制造、食品制造、皮革鞣化、纺丝脱胶以及污水处理等很多领域。但在数十万种微生物中，被利用的只有1 000余种。因此，今后除继续研究防治或抑制对人类不利的微生物外，还必须更多地去研究和发掘微生物对人类生活、生产有益的方面，这里仅就微生物在食品制造方面的利用作简要的介绍，更详细的内容在今后的专业课学习中，将会逐渐涉及。

第一节　食品工业中细菌的利用

　　细菌在食品工业中可用于制造多种食品，特别是调味品等。

一、食醋生产中的细菌

　　食醋是利用醋酸杆菌进行有氧发酵，将酒精氧化为醋酸而调配成的发酵产品。食醋的酿造方法可分为固态发酵和液态发酵两大类，我国食醋的传统制法大多采用固态发酵。

（一）原料

　　一般采用糯米、大米、小米、高粱、糖蜜等碳水化合物为原料，也有用玉米、甘薯干、马铃薯干、碎米、麸皮、细谷糠等粗粮或粮食加工下脚料。这些原料经糖化和酒精发酵后，加水稀释为酒精浓度5%~10%，再用醋酸杆菌进行醋酸发酵。

简明食品微生物学

（二）菌种

醋酸发酵的主要菌种是醋酸杆菌，这类菌能氧化酒精为醋酸。它们的个体形态，一般为短杆或长杆状，单个、成对或链状排列，不形成芽孢，革兰氏染色一般为阴性，老龄细胞不稳定，周生鞭毛，好氧性，30℃左右生长最适，最适 pH 值为 5.4~6.3。根据对维生素的要求及对有机酸同化性能的不同，可将这类菌区分为醋酸杆菌属和葡萄杆菌属。国内外用于生产食醋的菌种、菌株很多，我国使用较多的是纯培养的恶臭醋杆菌（Aspergillus 1.41）和沪酿 1.01。在醋酸菌氧化酒精之前，淀粉转化为糖还需要糖化菌种黑曲霉和宇佐美曲霉（Aspergillus usamii）等；利用葡萄糖进行酒精发酵的菌种是酿酒酵母（Saccharomyces cerevisiae）。

（三）发酵机理

食醋不仅有酸味，而且有一定的鲜味、甜味和香味。这些都是微生物分泌的酶所引起的生化反应的产物。食醋发酵可分为 3 个过程：淀粉水解为糖；糖发酵为酒精；酒精氧化为醋酸。其生化作用主要有 5 个方面。

1. 淀粉糖化

首先，黑曲霉等糖化霉菌将淀粉转化为葡萄糖，在实际生产中，其水解产物主要是葡萄糖和糊精的混合物。

$$(C_6H_{10}O_5)_n + nH_2O \longrightarrow nC_6H_{12}O_6$$

2. 酒精发酵

这一过程是酵母菌在无氧条件下，经 EMP 途径，将葡萄糖发酵生成乙醇和 CO_2。

$$C_6H_{12}O_6 + 2ADP + 2Pi \longrightarrow 2CH_3CH_2OH + 2CO_2 + 2ATP$$

3. 醋酸发酵

乙醇在醋酸菌的作用下氧化成乙酸，乙醇氧化为乙酸，可分为两个阶段。

（1）乙醇在乙醇脱氢酶的催化下，氧化成乙醛。

$$C_2H_5OH + NAD \xrightarrow{\text{乙醇脱氢酶}} CH_3CHO + NADH_2$$

（2）乙醛在乙醛脱氢酶的作用下氧化生成乙酸。

$$CH_3CHO + NAD + H_2O \xrightarrow{\text{乙醛脱氢酶}} CH_3COOH + NADH_2$$

4. 蛋白质的水解作用

食醋酿造原料中的蛋白质成分，在曲霉分泌的蛋白酶催化作用下，逐渐分解成短肽和各种氨基酸，这些物质是鲜味的来源。食醋质量要求氨基氮含量为 0.08g/100mL 以上。

5. 合成芳香酯类物质的酯化作用

酵母菌在酒精发酵中会产生一些有机酸，醋酸菌在醋酸发酵中还能氧化葡萄糖为葡萄糖酸，或分解麸酸为琥珀酸。这些有机酸与醇类化合产生芳香气味的酯，使醋酸具有特殊的清香。此外，醋酸菌还能氧化甘油产生二酮，二酮具有淡淡的甜味。

（四）固态发酵制醋的工艺流程

原料——用料配比——加麸曲和酒母——淀粉糖化及酒精发酵——醋酸发酵——淋醋——陈酿。总之醋酸菌发酵时要求，发酵液的 pH 值偏酸性，保持温度 30℃左右，在充分供氧条件下大量繁殖，使发酵液中的酒精转化为醋酸和少量其他有机酸，如乙酸乙酯等物质，产酸高的菌株发酵液中醋酸的含量可达 10% 以上。发酵原液经过滤、蒸煮、杀菌后，再进行稀释至含 2%~3% 的醋酸量即为食用醋，香味来自乙酸乙酯。

二、味精生产中的细菌

味精是 L-谷氨酸一钠的俗称，学名 α-氨基戊二酸一钠，是添加于食物中的增鲜剂。过去都用粮食中的蛋白质（面筋）作原料，用加盐酸水解法来制取，这种方法需要大量来自粮食的蛋白质，每生产 1t 味精约需小麦 30t。因此，耗粮多、成本高。20 世纪 60 年代中，开始采用微生物发酵法生产，每生产 1t 味精只需粮食 2.24t，氨水 0.24t，既节约粮食又大大降低成本，也改善劳动条件。生产谷氨酸主要原料是淀粉，但需先将淀粉转化为糖才能发酵。在生产糖的地方，其副产品糖蜜可作为发酵原料。

（一）谷氨酸发酵的菌种

1956 年日本协和发酵公司木下等首先分离到一株产生谷氨酸的细菌——谷氨酸棒状杆菌（*Corynebacterium glulamicum*）。而后，又陆续发现了微球菌、短杆菌、节杆菌、大肠杆菌等一大批谷氨酸产生菌。我国自 1963 年采用发酵法生产谷氨酸以来，国内一些科研单位及生产厂家通过分离或以生产菌为出发菌株经紫外线、通过亚硝基胍、硫酸二乙酯等人工诱变方法筛选出一批产酸高、转化率高、发酵周期短、耐高糖等优良性状的新生产菌株。谷氨酸产率由 5% 左右提高到 10%，最近已达 13% 以上；如 Hu7521、B9、7338、S_{921}、D_{110}、617、T_{613}、FM_{84-415} 等菌株。

（二）原料

能够用来生产谷氨酸的原料，可分为粮食原料和非粮食原料两大类。粮食原料主要是各种谷类和薯类的淀粉，如北方常用的玉米粉，南方常用的大米、木薯、甘薯的淀粉等，但大部分谷氨酸产生菌不具有糖化能力，因而需要将淀粉先转化为糖后，才能进行发酵。非粮食的原料包括甜菜及甘蔗的糖蜜、醋酸、乙醇、正烷烃（如液体石蜡）等，除糖蜜中因含有过量的生物素会影响谷氨酸的积累，需预处理以降低生物素的含量外，其他均可直接用来配制培养基。原料除碳源外，还需要氮（如尿素、氨水等）、磷、钾及其他一些盐类物质、生物素等。

（三）谷氨酸的生物合成途径

经许多研究者利用不同菌株进行谷氨酸生物合成研究表明，其生物合成途径，包括 EMP 途径、HMP 途径、三羟酸循环、乙醛酸循环和伍德—沃克曼反应（CO_2 固定）等，主要有两种方式。

1. 还原性氨基化作用

在 NH_4^+ 和供氢体（还原型辅酶Ⅱ）存在的条件下，α-酮戊二酸在谷氨酸脱氢酶的催化下，将发酵液中的铵离子还原氨基化和 $NADPH_2$ 还原，形成谷氨酸。

$$\alpha\text{-酮戊二酸}+NH_4^+ + NADPH_2 \longrightarrow \text{谷氨酸}+H_2O+NADP$$

2. 氨基转移作用

这个反应是利用发酵液中已存在的其他氨基酸，在转氨酶的作用下，将其他氨基酸中的氨基转移到 α-酮戊二酸上而生成谷氨酸。

在上述两个反应中还原性氨基化是主导性的反应。由葡萄糖发酵生成谷氨酸的理想途径是葡萄糖通过 EMP 途径（为主）及 HMP 途径（约占据26%）生成丙酮酸，丙酮酸一部分氧化脱羧生成乙酰 CoA，一部分固定二氧化碳生成草酰乙酸或苹果酸，草酰乙酸与乙酰 CoA 在柠檬酸合成酶催化下，缩合为柠檬酸，转化为异柠檬酸后，再经氧化还原共轭的氨基化反应生成谷氨酸。葡萄糖发酵生成谷氨酸的化学反应式：

$$C_6H_{12}O_6+NH_3+1.5O_2 \longrightarrow C_5H_8O_4N（谷氨酸）+CO_2+3H_2O$$
$$180 \qquad\qquad\qquad 147.13$$

即 1 个葡萄糖分子产生 1 个谷氨酸分子，葡萄糖转化为谷氨酸的理论转化率为（147.13÷180）×100＝81.7%

（四）谷氨酸钠（味精）生产工艺流程

谷氨酸产生菌大多属兼性厌气菌，生产时需要适当通气培养，通气量过大菌体大量繁殖，发酵液虽能积累大量的 α-酮戊二酸，但糖的消耗量很大，通气不适，细菌生长差，耗糖少，发酵量低，发酵适温 30℃，pH 值为 6.0~8.0。它们首先把糖发酵分解成有机酸，把含氮物质分解成 NH_4，再进一步合成为谷氨酸。

生产工艺流程（以淀粉原料为例）：淀粉原料──→淀粉水解糖的制备──→发酵（菌种斜面活化、一级种子、二级种子、发酵）──→谷氨酸提取（大多采用等电点锌盐法）──→谷氨酸制味精（用碱中和转化为谷氨酸钠、除铁及杂质、脱色、减压浓缩、结晶、分离、干燥、筛分、成品或再混合 20% 食盐）。

三、发酵乳制品生产中的细菌

许多乳制品（如酸性乳油、干酪、酸乳和酸乳酒等）的制造，均需要利用某些细菌作为发酵剂，以生产出营养价值高、风味优良并具有某些保健功能的乳制品。以乳液为原料，应用微生物发酵所制成的乳制品称为发酵乳制品。有时还可以与某些酵母菌混合使用，进行混合发酵。

（一）发酵乳制品生产中的乳酸细菌

在发酵乳制品的制造中起主要作用的微生物是产生乳酸的乳酸细菌。根据乳酸细菌对糖利用特性的不同，可分为两种类型，即同型发酵和异型发酵。

1. 同型（正型）发酵

一些乳酸细菌在发酵过程中，能使 80%~90% 的糖转化成乳酸，仅产生少量其他产物，引起这种发酵作用的细菌称同型乳酸菌。同型乳酸菌属 G^+ 杆菌和球菌，这类菌没有鞭毛、不运动、不形成芽孢，严格厌气或兼厌气细菌，

只在无 O_2 或氧分压很低的环境中生长繁殖并进行乳酸发酵，常见的种类有干酪乳杆菌、保加利亚乳杆菌、嗜酸乳杆菌、植物乳杆菌（*Lactobacillus plantarum*）、瑞士乳杆菌（*Lactobacillus helveticus*）、乳酸乳杆菌（*Lactobacillus lactis*）、乳链球菌、乳酪链球菌（*Streptococcus creamoris*）、嗜热链球菌（*Streptococcus themophilus*）、丁二酮乳链球菌（*Streptococcus diacetilactis*）。

2. 异型发酵

一些乳酸菌在发酵过程中，只能使发酵液中 50% 的糖转化为乳酸，另外 50% 的糖转化为其他有机酸、醇、CO_2、氢气等。其反应式：

$$2C_6H_{12}O_6 \longrightarrow CH_3CHOHCOOH + COOHCH_2CH_2COOH + CH_3COOH + C_2H_5OH + CO_2 + H_2 + xJ$$

通常乳酸只占产物的 40%，琥珀酸 20%，乙酸、乙醇各占 10% 其余 20% 为气体，常见的菌种有蚀橙明串珠菌、戊糖明串珠菌及短乳酸杆菌（*Lactobacillus brevis*）等。

（二）酸性乳油的制造

从合格鲜乳中分离出来的奶油，经消毒后，加入乳酸菌，在一定温度下发酵，经过复杂的生物化学变化，即成为具有独特芳香风味耐保藏的酸性奶油。制造酸性奶油的菌种有乳链球菌、乳酪链球菌、蚀橙链球菌（*Streptococcus citrovorum*）、丁二酮乳链球菌和蚀橙明串珠菌。目前一般用两种以上的菌种混合作为发酵剂，而蚀橙链球菌和丁二酮乳链球菌能使乳液中的柠檬酸分解生成大量羟丁酮，羟丁酮（无芳香）氧化生成丁二酮后才具有芳香，其发酵过程须在有氧及 pH 值为 4.3~4.8 条件下才能完成。因此，必须给予搅拌或通气，并用柠檬酸调节 pH 值为 4.5 左右，这样才能使奶油具有特殊的芳香。

$$2C_6H_8O_7 \cdot 2H_2O \longrightarrow CH_3CHOHCOCH_3 + 2CH_3COOH + 4CO_2 + 2H_2O$$
　柠檬酸　　　　　　　　羟丁酮　　　　　　醋酸

$$2CH_3CHOHCOCH_3 + O_2 \longrightarrow 2CH_3COCOCH_3 + 2H_2O$$
　　羟丁酮　　　　　　　　　丁二酮

在发酵过程中，由于产酸而抑制其他腐败性细菌的生长，但有时会因噬菌体的侵染而使奶油发酵中的乳酸菌活性减弱，甚至完全被裂解，而使腐败菌滋长，产品变质。酸性奶油的发酵后期，仍会因杂菌污染引起酸奶油中的脂肪和蛋白质分解，而产生酸败臭味（假单胞菌属或黄杆菌属）；一些假丝酵母、毕赤氏酵母和红酵母等也可以使酸奶油发生酸败；少数细菌如黑假单胞菌能在奶油上产生黑色；许多霉菌和一些酵母菌可以在奶油表面生长并产生各种色斑。

（三）干酪的制造

干酪的主要成分是酪蛋白和脂肪，是一种比较容易消化营养较高的食品。它是由优质的鲜乳经消毒后，加入凝乳酶或微生物菌种，使乳液凝块，脱去乳清压成块状，然后在微生物的发酵作用下逐渐成熟而成。乳液凝块亦可用犊胃酶。所用的乳酸菌剂与酸奶油发酵所用的菌种基本上相同，也采取多种混合菌剂，只是增添一些乳酸乳杆菌、保加利亚乳杆菌等。这些菌利用乳糖产生乳酸使乳液凝块，同时乳酸菌也具分解蛋白的能力和产生特殊风味的特性，干酪成熟后的软化，是因酪蛋白中的不溶解的物质逐渐被消化为可溶性的物质。干酪后期出现的特殊口味，是在微生物的作用下，许多产物的综合反应。

干酪成熟后期，由于乳酸菌的活力降低，某些受抑制的微生物的再活动，也可引起干酪味道和组织性状的不正常。例如，干酪产气，使干酪内部形成多孔状结构，是由于一些产气细菌如大肠杆菌群、乳糖发酵性酵母、多黏芽孢杆菌和浸麻芽孢杆菌（*Bacillus macerans*）等在干酪成熟初期使乳糖发酵产气，造成干酪内部产生不规则的气孔，并使干酪膨胀。中期后产生的气体则是一些厌氧性的梭状芽孢杆菌如巴氏梭菌（*Clostridium pasteurianum*）、缓腐梭菌（*Clostridium lentoptrescens*）、生孢梭菌（*Clostridium sporogenes*）等产生的。干酪表面经常有酵母、霉菌和一些蛋白分解细菌生长，可使干酪软化、褪色和发臭，假单孢菌、产碱杆菌和变形杆菌等则能使干酪表面发黏；液化链球菌、孢圆酵母（*Torulaspora*）分解其蛋白则能使干酪发苦。

（四）酸乳的制造

酸乳是由优质鲜奶经脱脂消毒后，加入乳酸菌发酵剂发酵而成的，具有较高的营养价值和特殊风味，并具有某些保健功能的饮料食品。可供酸乳发酵的菌种有保加利亚乳杆菌、嗜酸乳杆菌、乳链球菌、嗜热链球菌等多种。一般采用两种以上菌种混合接种，在一定温度下经 $12\sim48h$ 的发酵后形成均匀的糊状液体，酸度可达 1%，经发酵的酸乳，乳酸菌数一般有 $10^6\sim10^7$ 个/g。可根据不同的要求加入食糖、柠檬酸、果汁及香料等物质配制成各种酸乳，这种含有活乳酸菌不经消毒可供饮用。有些研究者认为嗜酸乳杆菌可以在人体肠道内定植，如果它在肠道内占有相当数量对肠道内腐生性细菌和病原菌有抑制作用。但也有相反意见，认为嗜酸乳杆菌通过胃时会因胃酸而死亡，即使通过胃部而达到小肠，因受胆汁中的去氧胆酸的作用而被杀死，认为不能在肠道内定植，不会有疗效。

第二节　食品工业中酵母菌的利用

酵母菌可用于制造馒头、面包、酒类及单细胞蛋白等多种食品。食品工业中主要是利用酵母菌的发酵作用或酵母菌自身的菌体蛋白。

一、制造面包

面包是以面粉为主原料，加水和酵母菌、糖、油脂、鸡蛋等辅料混合搓拿成面团，经发酵后造型、烘烤而成的发酵食品。一般要求酵母菌发酵力强并能产生香气的菌种，如啤酒酵母等，发酵温度30℃左右（26~28℃），过高会产生产酸菌。面团中的酵母菌首先利用面粉中含有的少量葡萄糖、果糖、蔗糖发酵。与此同时，面粉中的淀粉酶促使面粉转化为麦芽糖供酵母菌利用，使发酵得以连续进行，发酵中产生 CO_2、醇、醛和一些有机酸等产物，CO_2 促使面团逐渐充气膨大。发酵后的面团经揉搓、造型后，放于220℃以上高温炉中烘烤，由于 CO_2 受热膨胀而造成多孔状海绵结构的面包；醇、醛和有机酸形成酯类，具有芳香气味。

在原料面粉中常含有 $10^2 \sim 10^3$ 个/g 的杂菌，其中芽孢杆菌数占有较高的比率，虽经高温烘烤，面包中心部位仍可能有夹生现象，还有残存微生物在其中生长而引起面包变质发黏（黏状物拉出时呈丝状）。有时面包中心有酸败的臭味，这是由于酪酸菌的作用。在面包贮藏中容易发生霉变，如好食链孢霉（Neurospora sitophila）可引起红色霉变等。故必须严控烘烤的温度和时间。

二、酿酒

我国酿酒历史悠久，酒的种类繁多，有蒸馏酒、酿造酒和配制酒等类型。有的酒可作为含酒精饮料；有的可作为食品加工的添加调味剂；有的可作为中药的辅助料或"引子"等。酿酒的原料一般是采用含淀粉较多的谷物如大米、大麦、高粱和作物的块根、块茎（甘薯、马铃薯、木薯或野生植物的块根）。先经糊化后糖化为单糖、双糖，或者直接利用含糖分较多的水果如葡萄、柑橘、苹果等原料，根据原料的不同和生产各种不同酒类的质量要求，加入一定量不同类型酵母菌进行酒精发酵而酿造成各种酒类。如酿造啤酒用啤酒酵母（*Saccharomyces cerevisiae*）、葡萄酒用葡萄酒酵母（*Saccharomyces ellipsoides*）、绍兴酒用绍兴酵母（*Saccharomyces shaoshing*）等。各种酒中的乙醇含量要求不同，如啤酒的乙醇含量为 3%~6%；葡萄酒的乙醇含量为 10%~13%；白酒中的乙醇含量为 40%~65%。在酒类酿造过程中一般掌握早期进行适当通气，后期进行密闭发酵，含低酒精量的酒类暴露于空气中易引起酸败和混浊，因此，应密闭保藏。

三、酵母菌细胞的综合利用

酵母菌细胞中含有丰富的蛋白质、脂肪、维生素、酶和无机盐等营养成分。一般干酵母细胞的主要成分见表 8-1。

表 8-1　一般干酵母细胞的主要成分

主要成分	含量（%）
粗蛋白质	51~55
粗脂肪	1.7~2.7
碳水化合物	21~26
水分	5~7
灰分（钾、钙、镁、铁、钠、硫、磷）	8.2~9.2

其中蛋白质含量最高，由 13 种以上氨基酸组成，比一般蛋白质易于吸收；维生素种类也较多有 14 种以上，除脂溶性的麦角固醇外，其余都为水溶性维生素。因此可作为饲料或供食用，生产饲料酵母一般用价格便宜的废料如造纸厂的亚硫酸盐纸浆废液、糖厂的废糖蜜以及木屑、谷壳、棉籽壳、稻草、玉米芯等经水解为糖液后作为主要营养料。自 1963 年以来世界各国已有利用石蜡来培养酵母，近来也有用炼油厂的甲烷废气制成甲醇来作为酵母的碳源。

供食用的酵母必须去除核酸，因为过量的核酸会引起人体发生痛风和肾结石症等疾病。酵母除可供食用外，还可从酵母细胞中提取多种物质供医药上的应用，如凝血质、麦角固醇、辅酶 A、卵磷脂、酵母海藻糖、细胞色素 C 和多种氨基酸。酵母的浸出液可用作培养微生物的养料、营养食品的调味滋补剂及填充剂。

第三节   食品工业中霉菌的利用

霉菌能产生多种多样的酶，很多霉菌能把淀粉、糖类等碳水化合物以及蛋白质等含氮物质转化成容易吸收利用的物质，人们就利用霉菌的这些作用来糖化淀粉、制造豆腐乳、豆豉、酱、酱油、柠檬酸等食品。在制取这些食品时有时是在与细菌共同作用下完成的。

一、霉菌糖化淀粉

食品酿造业中生产所用的主要原料含有较多的淀粉，要使淀粉为酵母和细菌所利用，必须先进行糖化。淀粉通过化学水解法、某些霉菌的糖化作用以及直接用酶法都可达到糖化的目的。霉菌中经常被人们选用的糖化作用的菌种有根霉属、毛霉属以及曲霉属的一些种，根霉属和毛霉属中的一些种能产生丰富的淀粉酶，使淀粉转化成糖。酒精就是酵母由糖发酵生成的。这些霉菌还能利用葡萄糖、果糖、麦芽糖进行发酵作用，并产生延胡索酸、乳酸、琥珀酸等有机酸。曲霉中的糖化酶有淀粉酶、蔗糖转化酶、麦芽糖酶、乳糖酶，因而能分解淀粉、蔗糖、麦芽糖、乳糖等为单糖。

二、霉菌制造豆腐乳

豆腐乳是我国著名的民族特色的发酵食品，已有1 000多年的历史。豆腐乳生产遍布全国各地，因生产工艺、形状大小、配料等差异，故品种较多，风味各异，是一种味道鲜美、营养价值较高、易于消化吸收，受到国人普遍喜爱的食品。

1. 制法

首先用大豆制作豆腐，将豆腐切成小块的豆腐坯，在100℃中消毒10~15min，并在豆腐坯表面涂上2%食盐及0.8%的柠檬酸液以防止细菌的生长，然后在豆腐块的表面接种霉菌，主要是腐乳毛霉（*Mucor sufu*），置于12~20℃的环境中培养3~7d，即为豆腐乳胚，再放在12%的食盐及米酒溶液中，密封放置2~6个月后发酵，即为芳香味美的豆腐乳成品。在此发酵过程中除用腐乳毛霉外，还有总状毛霉、中华根霉（*Rhizopus chinensis*）以及一些酵母和细菌参与发酵。豆腐乳也可采用依靠天然接种的自然发酵方法来生产，但质量较差，易污染病原菌。

2. 作用机理

腐乳是多种微生物分泌的酶共同作用的产物。发酵前期，主要是毛霉等的生长发育，使豆腐坯周围布满菌丝，并分泌各种酶，催化豆腐坯中少量淀粉的糖化和蛋白质的逐步降解，同时豆腐坯上外来的酵母菌和细菌，随之生长繁殖，参与发酵。加入食盐、红曲、黄酒等辅料，装坛后，开始厌氧性的后发酵。经过复杂的生物化学变化，将蛋白质降解为胨、多肽和氨基酸。同时生成有机酸、醇、酯等，最后制成具有特殊色香味的豆腐乳。

三、霉菌制造酱油

酱油是我国传统的发酵食品和日常生活不可缺少的调味品。将富含蛋白质、淀粉的大豆、豆粕等原料蒸煮，接种米曲霉制成酱曲，再加食盐和水，通过发酵后，进行压滤，滤液即为生酱油。再经巴氏杀菌、澄清和配制，即为成品酱油。

（一）生产酱油的原料

（1）蛋白质原料。有豆粕、花生饼、豆饼、葵花籽饼、蚕豆、豌豆、黑豆、菜籽饼、棉籽饼、绿豆和蚕豆浆水干（制粉条后的干物质）、芝麻饼等。

（2）淀粉质原料。有麸皮、大麦、小麦、米糠饼、碎米、玉米、甘薯渣或薯干粉、小米等。

（3）食盐。

（二）菌种

1. 米曲霉和酱油曲霉（含有分解蛋白质及淀粉等的酶类）

我国目前大多用菌号 3042 纯米曲霉，而日本多用混合曲霉（其中米曲霉占 79%、酱油曲霉占 21%）。

2. 酵母菌

与酱油质量密切相关的有鲁氏酵母能在 8% 食盐的基质中繁殖，将葡萄糖发酵生成酒精、甘油等，并进一步生成酯、糖醇等，增加了酱油的风味，属发酵酵母。易变球拟酵母、埃契氏球拟酵母这两种出现于后发酵期，鲁氏酵母随着发酵温度增高开始自溶，因而促进了这两种酵母的生长，它们促进酱醪的成熟并形成烷基苯酚类香味物质，属酯香型酵母。

3. 乳酸菌

与酱油发酵关系密切的乳酸菌有酱油四联球菌（*Tetracoccus sojae*）、嗜盐足球菌（*Pediococcus halophilus*）、酱油足球菌（*Pediococcus sojae*）等，它

们利用糖产生乳酸再与乙醇作用生成乳酸乙酯（香气很浓）。它们与鲁氏酵母的联合作用，赋予酱油特殊的香气。

（三）发酵机理

发酵的生物化学变化有如下 4 个方面。

1. 蛋白质的分解

米曲霉分泌蛋白酶将蛋白质分解为胨、多肽、氨基酸类。谷氨酸和天冬氨酸具有鲜味，甘氨酸、丙氨酸、色氨酸呈甜味。微生物所分泌的蛋白酶以中性和碱性为主，所以发酵过程如 pH 值太低会影响利用率和产品质量。

2. 淀粉糖化

淀粉酶将原料中的淀粉水解为糊精、麦芽糖、葡萄糖、果糖、五碳糖等，这些糖对酱油的色香味有重要作用。

3. 酒精发酵

空气中落入的酵母，将酱醪中的可发酵性糖转化为酒精，酒精一部分氧化为有机酸，另一部分与氨基酸及有机酸化合成酯。

4. 酸类发酵

空中落入的部分细菌能将酱醪中部分糖类变成乳酸、醋酸、琥珀酸、葡萄糖酸等，有利于酱油香味的增强。

（四）生产工艺流程

种曲制备（菌种斜面活化、三角瓶扩大、种曲扩大）——→制曲——→成曲拌盐水——→低盐固态发酵——→成熟酱醪淋油（一次浸泡、二次浸泡、三次浸泡）——→生酱油——→加热杀菌——→配制——→成品酱油（包装）。

四、霉菌制造柠檬酸

柠檬酸是食品工业上常用的酸味剂，可添加于饮料，水果罐头、糖果和糕点等食品中。柠檬酸过去多从柑橘类或菠萝中提取，现在普遍用发酵法来制取。

（一）生产柠檬酸的原料

1. 以糖质为原料

将粮食、薯干等的淀粉水解为糖类，以及蔗糖、葡萄糖、果糖。

2. 以石油为原料

采用液体石蜡，亦即石油中的十四碳至十八碳的直链烷烃混合物，同时还需硝酸盐或铵盐作为氮源以及其他一些盐类，如磷酸盐、硫酸盐等。

（二）生产柠檬酸的微生物

以糖质为原料进行生产的，一般都用黑曲霉，因黑曲霉不但能利用淀粉，对蛋白质、纤维素、果胶类物质亦具有一定的分解能力。此外，泡盛酒曲霉（*Aspergillus awamori*）、特异青霉（*Penicillium notatum*）、梨形毛霉（*Mucor pirifermis*）、淡黄青霉、橘青霉等也是较好的生产菌种；以石油为原料的，一般使用解脂假丝酵母如 PC、711、B_{74} 和 8-2 菌株，涎沫假丝酵母也可用于生产。

（三）发酵机理

1. 淀粉糖化

用薯干淀粉生产柠檬酸，首先由黑曲霉产生的淀粉酶将淀粉糖化为葡萄糖；用糖蜜原料则在蔗糖酶作用下变为葡萄糖和果糖，同时黑曲霉还可以把原料中的纤维素、半纤维素、果胶分解为单糖。

2. 柠檬酸的合成途径

由糖通过 EM（双磷酸己糖）途径酵解为丙酮酸，丙酮酸在丙酮酸氧化酶系作用下，生成乙酰 CoA，进入三羧酸循环，乙酰 CoA 在缩合酶的作用与草酰乙酸缩合生成柠檬酸。

反应式：

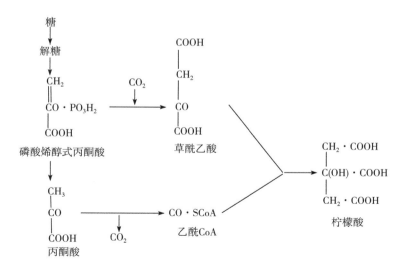

（四）柠檬酸深层发酵工艺

1. 碳源浓度

种子培养基为 8%薯干粉，发酵培养基为 10%~16%，总糖浓度在 9.5%左右。如采用浓醪发酵浓度可达 12%左右；如使用糖蜜原料发酵，其糖的浓度约在 12%~15%，产酸率一般可达 80%~90%。由于糖蜜中金属离子较多，发酵中容易生成大量杂酸，所以需要在菌体生长一定时间后加入黄血盐。以石蜡为原料时，投油量一般采用 10%~15%的浓度为宜，因为石蜡不溶于水，故石蜡浓度不影响发酵液的渗透压。

2. 其他营养成分

种子培养基仅在其中加入 1%麸皮，发酵培养基就只用薯干粉。若以糖蜜为原料的需加入一定量的硝酸铵或硫酸铵、硫酸镁、磷酸盐等。用石蜡为原料发酵要给予足够的氮源和其他微生物所需要的营养成分。

3. pH 值及通风量

pH 值的控制对产酸关系很大，淀粉糖化的最适 pH 值为 2.5~3.0，产酸为 pH 值为 2.0~2.5。发酵前期宜低些有利糖化，后期增加通风量能促进产酸。

4. 温度对产酸的影响

用黑曲霉生产柠檬酸一般维持 31℃左右，温度越高，产杂酸越多。种子培养可适当增高 1~2℃，对菌体繁殖有利。用石油原料发酵时温度维持在 28~30℃较好。

5. 提取工艺

发酵完后，加热滤去菌体，将滤液中的柠檬酸，先用碳酸钙中和制成柠檬酸钙而后用硫酸处理，形成硫酸钙和柠檬酸，使柠檬酸分离，再经脱色、浓缩、结晶就可获得柠檬酸成品。

第四节　金针菇在食品工业中的应用
——金菇露的研制

金针菇又名金菇、朴菇、冬菇、构菌和毛柄金钱菌。在国际上是继蘑菇和香菇之后的第三大宗食用菌，也是我国正在大力发展的食用菌品种之一，它是一种营养价值高于一般菇类又有疗效价值的食用菌，其蛋白质含量高，游离氨酸丰富，还含有多种维生素、矿质元素、微量元素和多糖等，是古今中外著名的保健食品。在国外被誉为"增智菇"，日本把它作为儿童保健和开发智力的必需食品，据"罐诘时报"报道，其提取物朴菇素原（Proflamine）具有强烈的抗癌作用，对小白鼠肉瘤 S180 抑瘤率高达 81.1%，临床上被用来作为多种癌症治疗剂，还有健肝脏利肠胃和降低胆固醇的作用，因此，虽然其价格高于一般菇类但仍深受消费者的欢迎。

　　开发新的加工方法是提高食用菌经济价值的重要途径，鉴于目前我国食用菌的加工，除了大宗的蘑菇等罐藏和传统的干制，其他的一些加工方法至今仍是发展食用菌生产的薄弱环节。为此，选择用金针菇为原料研制保健饮料的课题进行探讨。

一、金菇露饮料系列产品的研制

　　经过多年的反复试验和不断改进，吴文礼教授带领的团队终于研制成国内外生产工艺独特的营养型饮料金菇露和金菇露口服液新产品，1985 年 11 月通过福建省科技成果鉴定。经福建省和福州市食品卫生监督检验有关部门检测，均符合食品安全和卫生标准，1988 年 4 月正式批复同意试产试销。其生产工艺技术于 1994 年获得中国专利局发明专利，专利号为 89.101223.0。福建农学院立即建厂生产金菇露原浆和金菇露口服液，全省有多家饮料厂灌装生产金菇露和金菇可乐。产品以其营养丰富、酸甜适口，生津解渴和消除疲劳迅速，赢得了广大消费者的喜爱，产品从 1988 年以来的历次参展中，先后荣获福建省"名、优、新、特"食品武夷奖、全国星火计划科技成果铜奖等 10 次，1989 年获北京国际农业工程产品展览会"丰收奖"。

　　1. 金菇露原浆的生产工艺流程

　　以金针菇的固体培养物研制的金菇露原浆，保持了金针菇固有的营养丰富和保健功能的效果。因此，用这种方法生产金菇露营养液意义重大，具有生产周期短，成本较低，得率高和制成品营养丰富的特点。其工艺流程是：筛选适宜生产的优良菌株──→母种──→原种扩大──→大量生产菌培育──→原基大量形成后出料浸提──→浸提液酶解糖化──→过滤──→浓缩──→原浆──→口服液成品或配制分装成各种饮料产品。

　　2. 金菇露原浆的营养保健作用

　　（1）金菇露原浆的氨基酸及维生素含量　经中国农业科学院分析测试中心和福建省农业科学院中心化验室多次测定。金菇露原浆含 18 种游离氨基酸，总量为每毫升原浆含游离氨基酸 25~32mg，人体必需的 8 种氨基酸均具备，金菇原浆液还含有微量硫胺素 0.642mg/mL、核黄素 0.122mg/mL、维生素 C 1.525mg/mL、维生素 E 0.17mg/mL 等多种维生素及多糖类。

（2）金菇露原浆对小白鼠肿瘤的抑制作用　委托福建省微生物研究所进行小白鼠肿瘤抑制作用的试验，试验动物为健康的昆明种小白鼠。体重19~22g。雌雄均用；瘤株为小白鼠肉瘤 S180、S37 和小白鼠宫颈癌 U14，制成瘤细胞匀浆后，于小动物腋部皮下接种；以稀释 1 倍后的金菇露浓缩液为治疗注射液，次日起每日给药 1 次，11d 后解剖取瘤称重，计算抑瘤率。结果表明，稀释 1 倍后的金菇露原浆对 3 种小白鼠肿瘤有明显的抑制作用。在用量为 0.2~0.3mL/只剂量时，对小白鼠的抑瘤率可达 40%~48.1%，用量增加对肿瘤的抑制率有提高的趋势。但由于金菇露浓缩液为粗制品，所加的防腐剂对小白鼠腹腔有明显的刺激作用，限制了试验用量的增加，同时所用的鼠种及癌株为中度敏感型。这些方面若加以改进。金菇露对小白鼠肿瘤的抑制率可能进一步提高。

二、金菇露口服液的第二代产品——福微神

根据一些较长时间服用金菇露浓缩液的患者的反映，金菇露具有对某些保健功能与金针菇类似的效果，如糖尿病、胃肠功能紊乱、癌症患者生命的延长及辐照白细胞骤降的迅速恢复等。为了进一步提高这一食品某些保健功能效果更显著，福微神是在原有金菇露浓缩液的基础上，加入茯苓、南瓜等4 种既是食品又可作为药品的提取液，按中医药"君臣佐使"组方进行科学配制。同时不加任何防腐剂，以免影响产品中各成分中的固有保健功能。使新一代产品由单一的金菇露浓缩液改进为多成分的复方金菇露。

1. 福微神主要有效成分

金针菇的代谢产物和菌体酶解液，及添加物质的提取液。经测定含有18 种游离氨基酸（包括人体必需的 8 种）。磷、钾、钙、镁、铁等常量元素，硒、锌等微量元素和维生素 A 原、硫胺素、核黄素、维生素 C 和维生素 E 等。以及茯苓、金针菇等真菌多糖和"朴菇素原"，异黄酮类等抗癌抑瘤物质。

2. 福微神的波动值测定

量子共振分析仪（Quantum resonance spectrometer）测定的波动值结果是鉴定药物疗效和毒副作用以及新药配方组合开发的重要参数，为了验证金菇露新一代产品的保健功能和疗效是否提高，采用先进的量子共振分析仪测定了福微神的波动值，比较了新一代产品与改进前产品波动值的差异。结果表明，新一代产品达到了预期的效果（表8-2）。

表 8-2　福微神与金菇露原浆波动值的比较

项目	代号	金菇露 1 批波动值	金菇露 2 批波动值	福微神 1 批波动值	福微神 2 批波动值
免疫机能	B222	24 000	22 000	28 000	34 000
应激反应	E222	25 000	23 000	28 000	35 000
肝脏	D273	23 000	24 000	28 000	35 000
肾脏	D802	21 000	22 000	28 000	34 000
脾脏	D302	21 000	21 000	28 000	35 000
糖尿病	1009	23 000	21 000	28 000	35 000
直肠	E026	5 000	5 000	28 000	34 000
心脏	D166	5 000	22 000	28 000	35 000
恶性肿瘤	F005	23 000	23 000	28 000	34 000
脑全体	C583	22 000	18 000	28 000	34 000
病毒	F121	5 000	5 000	28 000	35 000
胃	D199	23 000	23 000	28 000	34 000
视神经	E381	24 000	23 000	28 000	34 000
白血病	E433	23 000	22 000	28 000	34 000
男性荷尔蒙	D576	22 000	23 000	28 000	34 000
过敏症	G383	25 000	23 000	25 000	34 000
波动值合计		314 000	320 000	445 000	550 000

注：本资料由日本量子振兴研究会 IMA 研究所渡边惠章先生提供。

从表 8-2 中可以看出，在所测定的与身体保健相关的 16 项数据中都为正值，而且数值较大，表明所检测的产品对机体无毒副作用，都有保健功能或疗效，产品福微神 1 批的波动值总量分别比金菇露 1 批、2 批的波动值总量增加了 39.1% 和 41.7%，福微神 2 批的波动总值分别比金菇露 1 批、2 批的波动值总量增加了 71.9% 和 75.3%，表明了金菇露新一代产品的波动值比复方化前有大幅度的提高，显示出"福微神"产品的保健功能或疗效将进一步增强。有调理人体器官功能和增强免疫力的功能。

3. 福微神产品防治糖尿病的动物试验

为了检测本产品用于糖尿病防治的可能性，暂用福微神的品名委托福州市医学科研单位进行动物模型试验，20% 的福微神口服液为药物供灌胃

（IG），以上海西普尔–毕凯实验动物有限公司的清洁级 ICR 系小白鼠为实验材料，进行了两个试验。

（1）糖耐量试验　取 ICR 系雄性小鼠 60 只，体重为 18~21g，随机分为 6 组，每组 10 只。其中 3 组分别灌胃福微神，0.1mL/10g、0.2mL/10g 和 0.3mL/10g，阳性对照组灌胃格列齐特 40mg/kg；阴性对照组（模型）及正常对照组均灌胃水 0.3mL/10g，每天给药 1 次，连续 3d，末次给药前 16h 禁食（不禁水），末次给药后 20min，除正常对照组外，其余各组小组均灌胃 50% 葡萄糖 0.2mL/10g。经过 30min，所有小鼠均取血按葡萄糖氧化酶法测 OD 值，并根据下列公式换算血糖水平，对试验结果进行显著性测验（表 8-3）。

$$葡萄糖含量（mg/100mL）= \frac{测定管\ OD\ 值-空白管\ OD\ 值}{标准管\ OD\ 值-空白管\ OD\ 值} \times 100$$

表 8-3　福微神提高小鼠糖耐量试验结果

组别	给药情况 （IG，每天 1 次，3d）	葡萄糖（IG） （g/kg）	鼠数（只）	血糖浓度 （mg/100mL）	P 值
1	水 0.3mL/10g	0	10	120.16±28.93	<0.001
2	水 0.3mL/10g	10	10	234.36±43.95	—
3	格列齐特 40mg/kg	10	10	107.33±40.85	<0.001
4	福微神 0.1mL/10g	10	10	149.79±26.34	<0.001
5	福微神 0.2mL/10g	10	10	90.79±17.08	<0.001
6	福微神 0.3mL/10g	10	10	63.00±14.81	<0.001

表 8-3 提示福微神口服液有显著提高糖耐量的作用，各种血糖浓度与模型组（2 组）比较，差异在统计学上均有非常显著意义（$P<0.001$）。

（2）肾上腺素诱发高血糖试验　取 ICR 系小鼠 50 只，雄性，每只体重 18~22g，随机分为 5 组，每组 10 只，其中 4 组、5 组灌胃福微神 0.1mL/10g 和 0.2mL/10g，阳性对照组灌胃格列齐特 40mg/kg，模型组和正常对照组均灌胃水 0.2mL/10g，每天 1 次，连续 3d。末次给药前 16h，所有受试小鼠均禁食（不禁水）。末次给药后 1h，除正常对照组外，其余小鼠均腹腔注射盐酸肾上腺素 30μg/kg，经过 30min，所有受试小鼠经取血，测定空腹血糖（方法同上），结果见表 8-4。

表 8-4   福微神对抗肾上腺素诱发高血糖试验结果

组别	给药情况 （IG，每天 1 次，3d）	盐酸肾上腺素 （μg/kg）	鼠数（只）	血糖浓度 （mg/100mL）	P 值
1	水 0.3mL/10g	0	10	117.74±6.85	<0.001
2	水 0.3mL/10g	30	10	202.82±38.44	—
3	格列齐特 40mg/kg	30	10	150.40±27.07	<0.001
4	福微神 0.1mL/10g	30	10	153.91±17.82	<0.001
5	福微神 0.2mL/10g	30	10	134.27±23.13	<0.001

从表 8-4 可见，对肾上腺素诱发的小鼠高血糖症，口服福微神有显著对抗作用，以模型组（2 组）比较，各组 P 值均小于 0.001。综上所述，福微神口服液具有良好的降血糖作用。

三、复方金菇露口服液产品的工业生产

试验表明，复方金菇露口服液比浓缩液的营养和保健功能有了显著的提高，采用这个配方进行了产品生产。为了更好适应复方金菇露口服液生产菌株的生长发育特性，使之纯正不退化、少污染或不污染，以及与所添加的其他物质更加协调有效，以保持稳定该产品的质量。将过去简陋的生产工艺的各个工序，较全面地改进为规范化的现代工业生产设施。

1. 车间洁净度

培育金菇露口服液生产菌过程的各个工序，其空间是污染杂菌的主要来源。按照国家有关洁净厂房设计规范及洁净室施工及验收规范进行施工。把灭菌菌包中物料的松动和排热降温处是 10 万级洁净度预冷车间；灭菌冷却后待接种的原种扩大培养瓶和生产菌菌包存放于万级洁净度待接种车间；母种接种、原种扩大瓶及生产菌菌包的接种线的房间是整体万级局部百级洁净度接种车间，车间风量通过高效过滤单元循环过滤达到万级洁净度，于接菌线上方安装 2 条 5 台 FFU 组成的百级洁净度层流罩，确保接种时的无菌洁净；原种扩大培养瓶间和生产菌菌包培养间都是万级洁净度培养车间装置，但生产菌菌包培养间供给的新风量要更多。

2. 生产菌菌包的适时浸提酶解

其过程包括浓度调节、加热的温度和时间、pH 值调节、搅拌的速度以及液渣的分离等，均在可调节可密封的不锈钢罐中进行。可更好调节符合浸

提酶解作用的要求，缩短其过程，减少暴露于空间的时间。

3. 酶解液的浓缩

选用先进的双效外循环浓缩器进行浓缩，可迅速提高酶解液达到产品要求的浓度，且浓缩只需较低温度，避免了浓缩液中的有效成分被高温破坏和烧焦。复方金菇露口服液中其他物质的预处理及与金针菇浓缩液的配方制作的产品均在可密封的不锈钢罐中进行。

4. 复方金菇露口服液产品的灌装封口

选用医药用液态自动灌封机，有安瓿管和 250mL 玻璃瓶两种类型。

5. 其他

原料的浸洗、生产菌包料的拌匀、装袋、产品的外包装等均用机械结合人工协作完成，节省了很多人力。

第五节　微生物酶制剂及其在食品工业中的应用

一、酶制剂

通过各种物理、化学方法将存在于动物、植物及微生物的组织细胞中或微生物的培养物中的酶提取出来，经过精制为较纯的制剂称酶制剂。早期的酶制剂，多从动植物组织中提取，由于动植物生长繁殖较慢，数量有限。酶制剂要满足各方面的需要，就得大量的动植物组织材料，如果全世界每年生产 400 万 t 干酪，如全部靠从犊牛胃黏膜中提取凝乳酶，就需屠宰数以千万计的犊牛，才能满足需要。而微生物蕴藏着丰富的酶资源，微生物在人工控制下，短期内就可进行大量繁殖，同时不受地区、气候、季节的限制，因此目前各方面所需的酶，大都从微生物方面开发。

酶制剂已广泛应用于食品、发酵、日用化工、纺织、制革、造纸、医药和农业等各个行业之中，特别是在食品生产中也起很大作用，可使生产的产品质量提高、成本降低以及提高劳动生产率，已普遍引起各国的重视。

二、酶制剂制取基本过程

菌种选育（包括细菌、酵母、霉菌、放线菌等）——→培养——→分离（离心、过滤、研磨、超声波破碎、自溶等方法）——→提纯（盐析、溶剂抽提、离子交换法等）——→酶制剂。

菌种：能生产酶制剂的菌种有细菌、霉菌、酵母和放线菌等。例如，液化淀粉酶，可以从枯草芽孢杆菌、马铃薯芽孢杆菌等培养物中提取；糖化淀粉酶，可从根霉、黑曲霉等培养物中获得；乳糖酶从脆壁酵母、粗糙链孢霉（*Neurospora fragilis*）等培养物中提取。可制取蛋白酶的有枯草杆菌、米曲霉、黑曲霉等，制取果胶酶的微生物有枯草杆菌、黑曲霉、米曲霉、棕曲霉（*Aspergillus ochraceus*）等。不同酶制剂可从不同微生物中制取，也可以在不同微生物种中制取同一种酶制剂。酶制剂在食品工业上具有广泛的应用前景，它在食品工艺改革；增添食品品种；发掘食品原料的资源；提高食品的营养价值和改进食品风味等方面将起很大的作用。微生物生产的酶及其在食品工业上的应用情况见表8-5。

表8-5　微生物生产的酶及其在食品工业上的应用

酶的名称	用途	来源
淀粉酶	水解淀粉制造葡萄糖、麦芽糖、糊精、供多种食品制造等	细菌、霉菌
蛋白酶	软化动物肌肉纤维使肉食品鲜嫩，干酪制造促进成熟，消化蛋白质制造氨基酸，改善蛋白质性食品的风味和提高食品吸收率等	细菌、霉菌
脂肪酶	用于干酪与奶油，可增进香味，用于大豆可脱腥等	酵母、霉菌
纤维素酶	用于大米、大豆、玉米脱皮；用于淀粉制造，可缩短时间和提高效率；用于冲调食品，可提高溶解度	霉菌
半纤维素酶	用于大米、大豆、玉米脱皮；与果胶酶合用，可增强果汁澄清效果；提高速溶食品的溶解度	霉菌
果胶酶	用于柑橘脱囊衣，饮料澄清	霉菌，细菌
葡萄糖氧化酶	用于蛋白质脱葡萄糖以防止褐变，食品除氧防腐	霉菌
葡萄糖异构酶	葡萄糖转化为果糖	细菌、放线菌
蔗糖酶	制造转化糖防止高浓度糖浆中蔗糖析出，防止糖果析晶	酵母
橙皮苷酶	防止柑橘罐头的白色浑浊	霉菌
柚苷酶	去果汁苦味	霉菌
乳糖酶	供乳糖酶缺乏症婴儿的乳品制造，防止乳制品中乳糖析出	酵母、霉菌
单宁酶	食品脱涩	霉菌
花青素酶	防止水果制品变色，白葡萄酒脱去红色	霉菌
凝乳酶	乳液凝固剂	霉菌
胺氧化酶	胺类脱臭	酵母、细菌
菊糖酶	果糖制造	细菌、霉菌
蜜二糖酶	分解甜菜制糖中的棉子糖	霉菌

在微生物酶制剂中，淀粉酶在食品生产中用途很广，如酿酒工业、制糖工业等，首先都得把农副产品富含的淀粉转化为糖，才能在生产中的应用广泛展开。酶法生产葡萄糖比酸法生产具有设备要求低，设备不需耐腐蚀和耐压，生产工艺简单，糖化率高 10% 左右和产品纯度高等优点。葡萄糖液用葡萄糖异构酶异构化生成果葡糖浆，其甜度与蔗糖相当，我国淀粉资源充裕，可以发展果葡糖浆生产。

酶制剂在水果加工中用得比较多，果胶酶能有效分解果肉组织中的果胶质，使苹果、柑橘、葡萄等榨汁时黏度降低，容易过滤，提高出汁率，使果汁澄清；在果酒、葡萄酒等酿造中配合使用果胶酶，能加速酒石沉淀，有助于澄清，改善品质。

在乳制品生产中也常使用酶制剂，凝乳酶使牛乳中酪蛋白凝聚，形成凝乳，再进一步制成干酪；乳糖酶用于炼乳、冰激凌等，可将乳糖分解成葡萄糖和半乳糖，防止乳糖结晶，提高甜度和溶解度，并防止婴儿腹泻。在没有制冷或加热设备的地方，牛乳杀菌用过氧化氢是唯一有效的方法，通过加入过氧化氢酶以去除多余的过氧化氢。

第六节　单细胞蛋白的生产与应用

单细胞蛋白（Single-cell protein，SCP）是利用各种基质如碳水化合物、碳氢化合物、石油副产物、氢气及食品工业生产的有机废水等在适宜条件下，培养单细胞或丝状微生物（包括非病原细菌、酵母菌、霉菌和微型藻类）的个体使其增殖而获得的菌体蛋白。

一、SCP 的营养组成

单细胞蛋白的主要成分为蛋白质、脂肪、糖类、水以及含磷、钾等多种元素的灰分。其组分的比例取决于所采用的特殊菌种以及供给其生长的原料。一般单细胞蛋白的蛋白质含量为 40%～80%。其中酵母菌类含蛋白45%～55%；霉菌类 30%～50%；细菌类含量最高达 60%～80%；藻类 60%～70%。各种单细胞菌体蛋白质含量均高于人类的主要粮食禾谷类和豆类作物。

二、生产 SCP 的意义

人类及其饲养的家禽、家畜生长所需要的蛋白质，历来取之于植物和动物。随着人口的不断增多和人们生活水平的日益提高，借助于农耕土地和饲养禽畜来解决人类对蛋白质的需求已越来越不可能得到满足。在世界人口中，缺乏蛋白质营养的人口估计在 1/6 以上，主要表现在食物结构上的不合理和营养不良。另外，随着经济日趋发达，人们生活水平不断提高，动物性蛋白需求增加，而生产动物性蛋白要消耗很多植物蛋白，每生产 1 份牛肉蛋白需要 3~4 份植物蛋白；每生产 1 份家禽蛋白要 7~10 份植物蛋白。因此，开发新的蛋白质资源是当前非常迫切的任务。除注意在传统农业上推广、种植高蛋白含量的作物和扩大豆科作物与发展畜牧业外，研究、开发和推广应用微生物生产 SCP 来弥补蛋白质不足受到普遍的重视。应用微生物生产 SCP 有以下优点。

一是生产速度快。微生物在最适宜生长条件下，细菌 20~30min 繁殖一代，酵母菌约 2h 一代，利用它们合成等量的蛋白质比植物快 500 倍；比动物快 2 000 倍。例如，500kg 的公牛每 24h 只能合成 0.5kg 的蛋白质，而 500kg 的菌体在 24h 内，在合适条件下能合成 1 250 kg 蛋白质（表 8-6）。

表 8-6　不同生物的物质倍增时间

生物体	物质倍增时间
细菌和酵母菌	20~120min
霉菌和藻类	2~4h
草本植物	1~2 周
鸡	2~4 周
猪	4~6 周
小牛	1~2 个月
婴儿	3~6 个月

二是蛋白质含量高，营养价值丰富。酵母菌菌体约含蛋白质 50%；细菌菌体含 60%~80% 蛋白质，并含有脂肪、多种维生素、矿物质、组成蛋白质的氨基酸种类齐全。

三是 SCP 生产不受地区、季节、气候等外界条件限制，可以进行工厂化生产。

四是可以利用廉价的农副产品、下脚料等原料进行生产。

三、国内外 SCP 的生产状况

单细胞蛋白的生产已有 100 多年的历史，早在第一次世界大战期间，德国人就建立了生产单细胞蛋白的工厂来解决因战争而引起的粮食不足，作为人类的食品，年产量在 15 000 t 以上。第一次世界大战结束后，许多国家都相继建立了单细胞蛋白生产工厂。苏联年产单细胞蛋白就达数百万吨；英国 ICI 公司利用甲醇为原料生产单细胞蛋白，商品名布鲁丁，年产量 7 万 t 等。

我国单细胞蛋白生产起步较晚，解放早期上海等地的 SCP 生产大都生产药用酵母和面包酵母，年产 1 万 t 左右，与我国实际需要相差很远。我国于 1984 年在福州召开全国首届单细胞蛋白学术讨论会，据不完全统计，全国有 30 多个生产厂家，广东江门化工厂已建立年产万吨的试验基地。改革开放以来，生产快速发展，人民生活水平提高，促进了蛋、肉等畜牧业生产和饲料工业大发展，我国仅饲用酵母年需要量为 500 万 t 以上。用味精生产中的废水等培养假丝酵母（含蛋白质 60%）及研究螺旋藻的培养和加工方法，均已获得成功，投入规模生产。

四、生产 SCP 微生物的种类

可作为蛋白质资源的微生物种类很多，但在选择生产单细胞蛋白（SCP）的微生物的时候，应从食用安全、实用性、加工难易、生产效率和培养条件等方面进行选择。最重要的是安全、无毒和不致病。用于 SCP 生产的微生物包括四大类群，即非致病和非产毒的酵母、细菌、霉菌和藻类等。若以利用原料的不同可分为下列 7 类。

（1）利用醣质原料生产 SCP　例如，利用葡萄糖、蔗糖等为碳源的酿酒酵母；利用戊糖为碳源的假丝酵母；利用纤维素为碳源的木霉、青霉等霉菌。

（2）利用石油原料生产 SCP　以假丝酵母属的酵母菌为最好。

（3）利用甲烷原料生产 SCP　以细菌为主，如甲烷假单胞菌、嗜甲烷单胞菌。

（4）利用甲醇原料生产 SCP　以细菌为主，有甲醇专性营养；以甲烷单胞菌属和甲基球菌属为主；甲醇兼性营养的则以假单胞菌属为主。

（5）利用乙醇原料生产 SCP　以酵母为主，其次为细菌和霉菌。酵母菌以酵母属最多，霉菌大多为曲霉。

（6）利用 CO_2 为碳源，氢为能源生产 SCP　主要为氢细菌，如氢单胞菌（*Hydrogenomonas*）。

（7）利用太阳光能生产 SCP　有单细胞藻类，如小球藻属（*Chlorella*）、螺旋藻属（*Spirulina*）及光合细菌。

五、生产 SCP 的原料

用来生产食用或饲用单细胞蛋白的原料可分为五大类：碳水化合物类（淀粉质、糖质、纤维素）；碳氢化合物类；石油产品类；无机气体类；有机工业废水类（淀粉厂废水、豆制品的废水、酒精蒸馏废液、味精厂废水等）（表8-7）。

表 8-7　生产单细胞蛋白的原料与微生物

主要原料类型	性状	原料名称	主要微生物
碳水化合物	水溶性	淀粉质、糖质、纤维素	酵母菌
碳氢化合物	油状	石油馏分（汽油煤油）链状碳氢化合物（九碳至十碳的 N 链化合物）	假丝酵母、孢圆酵母
	固体	石蜡	假单胞菌
	气体	天然气、甲烷、乙烷、丙烷	甲烷单胞菌
石油产品	水溶性	乙酸、甲醇、乙醇等	假丝酵母、酵母菌、毕氏酵母
无机气体	生成气体废水	CO_2、CO、H_2 及其他气体	小球藻、螺旋藻、硅藻
有机工业废水	水溶性	含糖废水、含有机无机废水	海洋及表内所列微生物

SCP 已广泛用作饲料蛋白，但作为人类食品，必须对其安全性及营养性进行严格的评价。

六、SCP 深层发酵的生产工艺

拟生产食品级的 SCP 产品，必须进行安全性评价并符合联合国作出的一系列规定。生产用的菌株不能是病原菌，不产生毒素；对生产用的原料也提出一定的要求，例如，石油原料中的多环芳香族烃类物质含量要很低，农产品来源的原料中重金属和农药残留量检验结果含量要极少，不能超过要求；在培养条件和产品处理中要求无污染，无溶剂残留和热损害；最终产品应无病原菌，无活细胞，无原料和溶剂残留。最终产品还必须进行小动物的毒性试验（小白鼠或大白鼠）和两年的致癌试验。还要进行传代遗传、哺乳致畸及变异效应等试验。这些试验通过后，还要安排作人体的临床试验，测定 SCP 对人体的可接受性和耐受性。安全性通过后，再进行营养性评价。表 8-8 列举了一些 SCP 和食物的生物价。

表 8-8　一些 SCP 和食物的生物价

蛋白质源	生物价	蛋白质源	生物价
鸡蛋	100	解脂假丝酵母（烃+0.03％蛋氨酸）	91
牛奶	93	产朊假丝酵母（亚硫酸纸浆废液）	52~48
燕麦片	79	产朊假丝酵母（亚硫酸纸浆废液+0.03％蛋氨酸）	88
碎玉米	72	巨大芽孢杆菌（破碎细胞）	70
马铃薯	69	巨大芽孢杆菌（全细胞）	62
酿酒酵母（酒厂）	58~69	镰孢菌	70~75
酿酒酵母（干）	52~87	小球藻—栅藻	54
解脂假丝酵母（烃）	61		

　　SCP 深层发酵法生产的一般工艺过程：

　　斜面菌种──→种子扩大培养──→发酵罐培养──→培养液──→分离──→

菌体──→{水解──→分离──→蛋白质抽提──→纯化──→干燥──→食品

洗涤或水解──→干燥──→动物饲料

　　糖蜜、味精废水、纤维素废料和石油裂解产品等生产 SCP 产品生产工艺的差异，主要在于基质的前处理不同。

　　SCP 深层发酵法生产的核心设备是发酵罐，发酵罐有搅拌式、通气管式、空气提升式等不同类型。投入罐中的物料由水、基质、营养物质、氨等组成。经调节 pH 值、灭菌、冷却、接入生长良好的种子，维持一定的温度及搅拌通气。在生产中为了使培养液中的养分得到充分利用，可将部分培养液连续送入分离器中，分离后的上清液回入发酵罐中循环使用。菌体分离方法的选择，可根据所采用的菌种的类型，比较难分离的菌体可加入絮凝剂，以提高其凝聚力便于分离，分离一般用离心机进行。

　　作为动物饲料的 SCP，一般只把离心收集的菌体经洗涤后进行喷雾干燥或滚筒干燥；作为人类食品则需除去大部分核酸。一般将收集所得到的菌体，经洗涤后水解，以破坏其细胞壁溶解为蛋白质、核酸等。再经分离、浓缩喷雾干燥。

七、SCP 的用途

（一）SCP 用于食品

由农副产物原料生产的酵母菌和假丝酵母可用作人类的食品，最近美国用乙醇为原料生产的 SCP 也可作为人类的食品，酵母菌体营养丰富，人体必需的 8 种氨基酸均具备，素有"人造肉"之称，是人类扩大食用菌蛋白源的途径之一。一般成年人每天吃干酵母 10～15g，就能满足对蛋白质的需要量，主要用于以下几方面。

1. 增加谷类产品的蛋白质生物价

一般 SCP 的赖氨酸含量高，添加于谷类食物产品，可提高蛋白质的生物价或蛋白质功能。各类面包添加食用酵母量达面粉重的 2%；黑面包添加假丝酵母量达 5%，早餐用的谷物产品，罐装婴儿食品和老人食品通常用量为 2%。

2. 提高食品中的维生素和矿物质的含量

SCP 已用于补充许多食物（如通心粉、面条等）所需要的全部或部分的维生素和矿物质，其极限量为每 0.45kg 产品加硫胺素 4～5mg、核黄素 1.7～2.2mg、烟酸 27～34mg、维生素 D 250～1 000 U、铁 13.0～16.5mg、钙 500～625mg。

3. 提高食物的物理性能

例如，把活性干酵母加于意大利烘饼中，可提高其延薄性能；肉类加工制品添加相当于其重量的 1%～3%的食用酵母，可提高肉类与水的结合、与脂肪的结合性能。

4. 食品添加物

研究表明，孢圆酵母适宜添加于汤、肉饼、辣椒、肉汁、马铃薯、调味品、蔬菜、谷物和烤面包中；不适宜添加于色拉、果汁和农家奶酪。SCP 经水解后的浓缩蛋白质，具有显著的鲜味，已广泛地应用作汤料、肉汁的增鲜剂。浓缩蛋白质经组织化处理，成为具有咀嚼性、松脆性，在水中不分散的组织化浓缩蛋白。

一般 SCP 的核酸含量较高，例如，细菌细胞中的核酸含量为 10%～18%；酵母（干基）约含核酸 6%～11%；而肉类只含核酸 2%，这对作为人类食品是有害的。因为人们从饮食中摄入核酸多，就会造成血液中尿酸含量上升，而尿酸在人体生理 pH 值条件下是微溶的，它会在关节上沉淀或析出结晶，造成痛风或风湿性关节炎；由于尿酸在尿中的含量大于溶解度，会在泌尿系统中沉积形成结石。人们在食品中日摄入量安全标准为 2g，所以 SCP 作为食品必须降低核酸的含量。

（二）SCP 用作饲料

利用亚硫酸废液或石油生产的假丝酵母或产朊酵母菌体，可用作牲畜饲料。用饲料酵母喂养的家禽家畜效果良好，生长快，奶牛产乳量多，家禽产蛋率高，并能增强机体抗病力。

（三）SCP 用作发酵剂

新鲜酵母和活性干酵母可用作制造面包和馒头的发酵剂。

（四）SCP 用于医药

从酵母菌体中能提取很多药用物质，如凝血质，可用于各种出血症；麦角固醇，是制造维生素 D 的原料；卵磷脂对冠状动脉粥样硬化及神经衰弱有一定的疗效；辅酶 A 用于治疗动脉硬化，白细胞减少症、慢性肝炎、血小板减少症等；辅酶 I（NAD），用于治疗肝病或肾病；细胞色素 C 是细胞呼吸酶的激活剂等。

（五）SCP 用作试剂

酵母浸出汁和酵母海藻糖等可用作生物学试剂，应用于生化、微生物等方面的研究。

第九章　食品变质与微生物

食品可能因物理、化学或生物学方面的原因而发生变质，凡是食品的物理性质或化学性质发生改变都称变质。本章着重讨论微生物引起的食品变质问题。

植物性和动物性的食品原料总是带有微生物，在食品原料的收购、运输、加工和保藏等过程中也会有很多机会遭受微生物的污染，在一定的环境条件下，加工前后的食品，都可能因微生物的作用，而使食品失去原有的或应有的营养价值、组织性状以及色、香、味，并转变成为不符合卫生要求的食品，也就是不能供食用的食品。

第一节　微生物引起食品变质的基本因素

引起食品腐败变质的因素是多方面的，除微生物因素外，最基本的因素是食品基质条件和食品所处的环境因素。

一、食品的基质条件

（一）食品原料的营养组成与微生物的分解

食品原料中的营养物质除含有一定量的水分外，主要由蛋白质、碳水化合物、脂肪、无机盐类和维生素等物质所组成。食品大多来自动物性原料或植物性原料，不同的原料食品所含的蛋白质、碳水化合物和脂肪等主要成分也有显著的差别，但它们都是污染微生物的天然培养基。食品污染微生物后，并不是任何种类的微生物都能在任何食品上生长，微生物对营养物质的分解有其选择性。微生物在食品上能否生长，除了看食品的含水量多少外，还要看食品所含的各种营养成分微生物能否利用，是否满足微生物的生长所需的能量要求。腐败和酸败是食品变质中常用的术语。食品中蛋白质被微生物分解所造成的败坏称腐败；食品中的碳水化合物或脂肪被微生物分解产酸的败坏称酸败。

1. 分解蛋白质的微生物

大多数细菌都具有分解蛋白质的能力，一般说能分泌胞外蛋白酶的分解蛋白质能力特强。这类细菌在以蛋白质为主的食品上能良好生长，即使无糖类存在也能生长。这类型的细菌仅少数，如变形杆菌属等，大多数霉菌也都具有分解蛋白质的能力，霉菌比细菌更能利用天然蛋白质。在有大量碳水化合物的环境中，更能促进蛋白酶的合成，分解蛋白质更迅速。如沙门柏干酪青霉；而多数酵母分解蛋白质的能力很微弱。

2. 分解碳水化合物的微生物

绝大多数细菌、霉菌和酵母都具有分解某些单糖（葡萄糖）或双糖等简单碳水化合物的能力，特别是单糖更为普遍；多数霉菌有分解淀粉的能力而能分解淀粉的细菌较少，大多数酵母不能利用淀粉；能分解果胶、纤维素和半纤维素等复杂碳水化合物的微生物的种类仅极少数。

3. 分解脂肪的微生物

能产生脂肪酶，使脂肪分解为脂肪酸和甘油的霉菌的菌种比细菌多得多，如黄曲霉、烟曲霉等；具有分解脂肪特性的细菌很少，一般来说，有强力分解蛋白能力的需氧性细菌中的大多数菌种，同时也是脂肪分解菌，如荧光假单胞菌等；能分解脂肪的酵母更少，如解脂假丝酵母这种酵母对糖类不发酵，但分解脂肪和蛋白质的能力很强。

（二）食品的氢离子浓度

1. 食品的 pH 值与微生物生长的适应性

食品原料（动物性和植物性原料）的 pH 值几乎都在 7 以下，有些原料 pH 值很低，pH 值为 2~3。

根据食品 pH 值范围的特点可将食品分为两种类型：pH 值 4.5 以上的称非酸性食品；pH 值 4.5 以下的称酸性食品。从食品的原料及其制品看，所有的鱼、肉、蛋、乳等动物性食品以及大部分蔬菜都属于非酸性食品，所有的水果属于酸性食品。大多数细菌的生长范围适应在 pH 值 7 左右，所以非酸性食品适于多数细菌生长繁殖。

食品的 pH 值越向 7 的两头偏移，细菌的生长力减弱，种类也越少，当 pH 值在 5.5 以下时腐败细菌已基本被抑制，但少数细菌如大肠杆菌还能生长（pH 值为 4.5~9），一些耐酸细菌（乳酸杆菌和链球菌）仍能继续生长，酵母（pH 值为 2.5~8）和霉菌（pH 值为 1.5~11）也有生长的可能。而酸性食品因 pH 值过低，细菌的生长受到抑制，能生长的仅是酵母和霉菌，酵母生长最适 pH 值为 4.0~5.8，霉菌生长最适宜 pH 值为 3.8~7.6。由此可见食品酸度不同引起食品变质的微生物类群也不一致，但有时也呈现出一定的特殊性。

2. 微生物生长引起食品 pH 值的改变

微生物引起食品 pH 值的改变，随食品的成分和微生物的种类以及其他一些条件所决定。有些微生物能利用食品中的糖分而产酸，使 pH 值下降；有些微生物能分解蛋白质产碱（氨或胺）使 pH 值上升；有些食品对 pH 值的改变有一定的缓冲作用。一般肉类的缓冲作用比蔬菜大，因肉类的蛋白质含量较蔬菜多。在食品含糖和蛋白质的情况下，若微生物利用糖为主，对蛋白质分解显然减少，pH 值即趋向酸化；若糖不足而蛋白含量丰富，就会导致蛋白质被利用分解使 pH 值往碱性方向改变。由于微生物的作用使食品的 pH 值上升或下降到超越一定范围，微生物本身也会中止生长。这时酸或碱的积累作用也就不再进行，在有糖和蛋白质存在时，往往表现初期 pH 值下降，而后又出现 pH 值上升。如腐败菌，初期利用糖不断产酸，直至糖降到一定程度，出现的是强力的蛋白质分解，而使碱性物质大量产生。

（三）水分

1. 微生物生长与食品水活性（Aw）的关系

微生物在食品上的生长繁殖，除需要一定的营养物质外，还必须有足够的水分，食品中的水分有游离水和结合水两种状态，微生物能利用的水是游离水，一般说来含水分多的食品微生物容易生长，水分少的则不易生长。但食品中的水分含量用百分率来表示，不能确切反映食品中水分可被微生物利用情况，而是要用 Aw 值表示。研究表明：凡是 Aw 值低的基质，微生物生长不良，其生长曲线处于延迟期的持续时间一般较长，若基质的 Aw 值低于一定的界限（微生物的最低 Aw 值）时，微生物生长停止。不同类群微生物生长的最低 Aw 值是不一致的，即使同一类群的菌种其生长发育的最低 Aw 也有差异。大多数细菌的 Aw 值为 0.990~0.940；大多数酵母的 Aw 值为 0.940~0.880；大多数霉菌 Aw 值为 0.940~0.730；嗜盐性细菌 Aw 值为 0.750，耐渗透压酵母 Aw 值为 0.600，干性霉菌 Aw 值为 0.650。

2. 食品的水分活性

（1）新鲜的食品原料 动物性和植物性的新鲜食品原料，例如，鱼、肉、水果、蔬菜等含有多量的水分，它们的 Aw 值多数均为 0.980~0.990，这样的 Aw 值，正适于多数微生物的生长。在一般情况下，微生物首先在食品表层繁殖，使食品变质败坏，表层水分虽因蒸发而逐渐减少，但食品内层的水分会不断移向表面，因此在一定时期内，食品表面始终保持着较高的

Aw 值，这样就有助于微生物不断向深层发展。如能使食品表面的 Aw 值下降，也是保存食品的重要手段。

（2）干制食品　干制食品的 Aw 较低的，在 0.800~0.850，这样含水量的食品，霉菌易在 1~2 周生长，引起食品变质败坏；若食品 Aw 值保持在 0.700，就可较长时间防腐；在 Aw 值为 0.650 时，只有极少数微生物有生长的可能，甚至可延续两年还不易引起食品变质。由此可见，要延长干制食品的保藏期，就得考虑要求更低的 Aw 值。对干制品还得注意周围环境的相对湿度，如某些干制食品有很强的吸湿性，如蛋白粉、奶粉、面粉就要避免敞开放置。

（四）渗透压

绝大多数微生物在低渗透压的食品中都能够生长。在高渗透压的食品中则各种微生物的适应情况不一致。一般来说，多数霉菌和少数酵母能耐受高渗透压，而且有些还能生长繁殖。绝大多数的细菌不能在高渗压下的食品上生长，或仅能存在一个时期或迅速死亡。其存在的时间长短取决于不同菌种。细菌也有少数菌种能适应高渗压，但耐受力远不如霉菌和酵母菌。加入大量的食盐或糖于食品中进行盐腌或糖渍，以提高食品的渗透压，可以防止绝大多数微生物生长。但嗜盐微生物、耐盐微生物和耐糖微生物仍然可以生长。高度嗜盐菌最适宜在含 20%~30%食盐食品中生长。如盐杆菌属和微球菌属的一些菌种；中等嗜盐细菌适宜在 5%~18%食盐食品中生长，如假单孢菌、弧菌属、无色杆菌属、八叠球菌属、芽孢杆菌属和微球菌属中的一些种，最典型的菌种如盐脱氮微球菌和腌肉弧菌；低等嗜盐细菌（最适在 2%~5%盐中生长），多发现于海产品上，如假单孢细菌、无色杆菌属、黄色杆菌属和弧菌属中的一些菌种。耐糖细菌能在高浓度的含糖食品中生长，这种耐糖细菌仅限于少数菌种，如肠膜明串珠菌。耐高糖的酵母如鲁氏酵母、罗氏酵母、蜂蜜酵母等常引起含高浓度的糖浆、果酱、浓缩果汁等食品变质败坏。

二、食品的外界环境条件

微生物在合适的基质条件的食品上，能否生长繁殖造成食品变质尚取决于基质以外的环境条件（如温度、气体和湿度）。

（一）温度

1. 食品中微生物活动的类群与温度

根据微生物生长的适应温度范围，可将微生物分为嗜热微生物、嗜温微生物和嗜冷微生物三个生理类群，每一生理类群都有一定的适应生长的温度范围，在这个温度范围内，温度高生长发育快，温度低则生长发育迟缓。但这三个类群可找到一个共同的生长温度范，即 20~30℃，不论哪一类群的微生物都有生长的可能，这也是绝大多数细菌、酵母菌和霉菌能够较良好生长的温度范围，因而都可能使食品发生变质。温度高于或低于这个范围能适应的微生物类群就减少。

2. 低温中食品的变质

食品在冷藏过程中，有时可出现因微生物繁殖而引起的食品变质。能在低温下生长的微生物只有少数种类，而且常用的冷藏低温范围，并不是它们生长的最适温度，所以生长繁殖很缓慢，代谢活动很低，引起食品变质的过程也比较长，这与低温可以影响酶的活性有关。低温中生长的微生物多数属于 G⁻无芽孢杆菌，如假单胞菌属、无色杆菌属、黄杆菌属等；G⁺细菌如微球菌属、乳杆菌属、小杆菌属等；在低温食品中生长的还有酵母（如假丝酵母属、孢圆酵母属、隐球酵母属）和霉菌（青霉菌属、芽枝霉属、念珠霉属等）。在低温食品中也有出现放线菌的报道。食品中微生物生长的最低温度与微生物种类及食品性质有关。在 -10℃ 下还能够生长的种类极少，多数属霉菌类。

3. 高温中的食品变质

这里说的高温是指比嗜温微生物所适应生长的最高温度还要高的温度，也就是 45℃ 以上的温度，能够在这样高温中生长的微生物称嗜热微生物。也包括属嗜温微生物中的某些种，这是因为这些菌种在自然界经常处于高温环境中的驯化而逐渐变异成适应高温生长的特性，如在实验室中经常可检出在 50℃ 生长的枯草杆菌的菌株。高温中微生物引起的食品变质过程比嗜温微生物所发生的变质过程短、作用快。试验表明，嗜热菌对蛋白质及淀粉的水解作用比嗜温菌作用的速度快 7~10 倍，但也死亡得快，这类菌主要是分解糖而产酸，但也有属发酵食品的优良菌种（如嗜热乳链球菌）。

（二）气体

食品在加工、运输、贮藏中，由于接触环境中含有的气体的不同，引起变质微生物的类型和变质过程也不同。在有氧条件下引起食品变质的微生物包括大多数的细菌、酵母、霉菌。食品在有氧的环境中微生物引起变质的速度较快，而在缺氧环境中则较慢，兼性厌氧菌在有氧环境中也比缺氧快得多，需氧菌在少量氧中也能缓慢生长。

与食品有关的需氧微生物有霉菌、产膜酵母、醋酸杆菌属、无色杆菌属、黄杆菌属、短杆菌属中的部分菌种；芽孢杆菌属、八叠球菌属和微球菌属中的大部分菌种；仅需少量氧即能生长的微生物（微需氧微生物）有乳杆菌属和链球菌属；在有氧和缺氧的环境中都能生长的微生物（兼性厌氧微生物）有大多数酵母、葡萄球菌属、肠道杆菌（埃希氏菌属、变形杆菌属、沙门氏菌属、志贺氏菌属等）以及芽孢杆菌属中的部分菌种；在缺氧的环境中，才能生长的微生物（厌氧性微生物）有梭状芽孢菌属、拟杆菌属。总之，在有氧环境中，细菌、酵母、霉菌都有可能引起食品变质，缺氧环境中只能有酵母和细菌能引起食品变质。

食品的新鲜原料中，含有还原性物质如植物组织中常含有维生素 C、还原糖，动物组织中含有硫氢基（—SH），加上组织细胞的呼吸作用，它们都具有抗氧能力，可使动植物组织内保持少氧状态，所以只能生长厌氧微生物。食品原料经加工处理后，如加热可使食品含有的还原性物质或氧化性物质破坏，同时也可使食品的组织状态发生改变，氧就可以进入到组织内部。在加工过程中加入某些添加剂后，也会引起食品中含氧性状的改变，如腌肉中加入硝酸盐可有利于需氧微生物的生长，若硝酸被还原成亚硝酸则有利于厌氧微生物的生长。

其他气体对微生物引起食品变质也有一定的关系，食品贮藏于高浓度 CO_2 的环境中，可防止需氧性细菌和霉菌所引起的食品变质，但乳酸菌及酵母对 CO_2 有较大的耐受力。若空气中含有 10% 的 CO_2 可防蔬菜贮藏霉变。但瓶装果汁充入 CO_2 对酵母抑制作用却很差。在酿造制曲中，由于曲霉的呼吸作用产生 CO_2，CO_2 如不及时扩散而致在环境中积累，将会显著抑制曲霉的繁殖和酶的产生，故要进行适当通风。

加入 $1\times10^{-6}\mu L/L$ 浓度的臭氧于某些食品保存的空间，可有效地延长一些食品保藏期。市场上的小包装塑料肉内充入 CO_2、氮或氢等混合气体（含 99%N_2 的大气或 15%CO_2 的大气），不但能使肉保持鲜红色，并且可延长货架上的保存时间。

第二节　罐藏食品中的微生物

罐藏食品由于杀菌不完全或杀菌后罐头因密封不良而遭受外界的污染，这些残存的微生物或后来污染的微生物都可能在罐内生长繁殖而造成变质。

一、罐藏食品的性质与变质的类型

（一）罐藏食品的 pH 值和变质的特点

罐藏食品能否引起变质和变质特性是由多因素决定的，pH 值是一个重要的因素，因为食品的 pH 值多半与食品原料性质有关，与确定食品杀菌的工艺条件有关，与引起食品变质的微生物种类有关。舍米特（Schmitt）按照罐藏食品的 pH 值高低将罐头分为 4 种类型。

（1）低酸性食品（pH 值为 5.3 以上）　如谷类、豆类、鱼类、肉类、乳类和蔬菜类等的罐头。

（2）中酸性食品（pH 值为 4.5~5.3）　蔬菜类、瓜果类等罐头制品。

（3）酸性食品（pH 值为 3.7~4.5）　水果类等罐头制品。

（4）高酸性食品（pH 值为 3.7 以下）　酸菜类、果酱等罐头制品。

一般低酸性食品多数是动物性原料为主的食品，这类食品含蛋白质丰富，引起变质的微生物以分解蛋白质的微生物为主，中酸性、酸性和高酸性食品，一般为植物性食物，碳水化合物为其主要成分，引起变质的微生物以能分解碳水化合物及具有耐酸特性的微生物为主。

（二）罐藏食品变质的外观类型

正常罐头内保持有一定的真空度，金属罐的盖或底的外观是平的或稍向内凹陷。如果罐内有微生物繁殖而变质时，罐内有时会产气，使罐底或盖向外鼓起，产气厉害的可造成罐头爆裂；另一种情况是微生物在罐内繁殖，食品已变质，但罐头不膨胀外鼓，外观与正常罐头一样。还可能因化学性或物理性的原因造成凸罐，罐头内的酸性食品与金属罐本身发生反应而产生氢气，当食品的 pH 值为 4 左右时，较易与金属发生反应；罐内食品装过量，加热后膨胀使罐形外鼓；或罐头灭菌后排气过快也会造成胀罐。

二、不同类型的微生物引起罐藏食品的变质

（一）需氧性芽孢杆菌引起的变质

需氧芽孢杆菌主要存在于土壤、水和空气中，食品原料经常被这类微生物所污染，大部分菌种生长适温在 28~40℃，有些菌种能在 55℃ 生长，少数菌种可在 55℃ 或更高的温度中良好生长，此即为嗜热菌。嗜温菌与嗜热菌的区分是以最适生长温度 37℃ 与 55℃ 划分的，但菌种生长最适温可通过

条件改变进行诱导。这类菌虽都属需氧菌，但也有兼厌氧菌可在厌氧条件下生长，对热抗性强。需氧性芽孢杆菌引起的变质是罐藏变质的重要种类，罐头平盖酸败变质主要是这类细菌造成的。

1. 嗜热性的芽孢杆菌

嗜热性的芽孢杆菌主要是嗜热脂肪芽孢杆菌和凝结芽孢杆菌（*Bacillus coagulans*），前者生长温度最低为28℃，最适温度为50~65℃，最高温度为70~77℃；后者生长最低温度28℃，最适温度为33~45℃，最高温度为50~60℃，二者都具兼性厌氧特性，可在一定真空度下生长繁殖，可以分解糖产酸，使汤变浑浊并有异味，但变质罐是无膨胀的平盖酸败。前者在pH值为6.8~7.2条件下生长良好，接近pH值为5的条件下不长，适宜pH值为5以上；后者适宜pH值为4.5以下的酸性罐头。前者是罐头食品重要的有害细菌。确定以能杀死肉毒梭菌的热死温度为罐藏食品杀菌温度，但肉毒梭菌的热死温度并不能杀死嗜热脂肪芽孢菌。

2. 嗜温性的芽孢杆菌

枯草杆菌、巨大芽孢杆菌和蜡状芽孢杆菌等都属这类型，这些菌在25~37℃内生长良好，具有分解蛋白质和糖的能力，绝大多数菌种产酸不产气，常出现于低酸性（pH值为5.3以上）的水产、肉类、豆类、谷类等制品的罐头中，可引起罐头的平盖酸败变质。有时在糖分少的制品中，因蛋白质不断分解，造成氨积累，使pH值上升而呈碱性。蜡状芽孢杆菌除引起食品变质外，还可引起人类食物中毒。

嗜温性芽孢杆菌中的多黏芽孢杆菌和浸麻芽孢杆菌，它们分解糖既产酸又产气，可造成罐头膨胀；有时芽孢杆菌属中的一些种类，在含有糖和硝酸盐的制品中生长繁殖，由于细菌的反硝化作用而造成罐头产气膨胀，例如，经腌制的火腿和午餐肉罐头，因杀菌不足，有芽孢杆菌残留在其中生长繁殖，产生CO_2、NO和N_2，使罐头膨胀。引起这种产气型变质的有地衣芽孢杆菌、蜡状芽孢杆菌、枯草杆菌等。

（二）厌氧性芽孢杆菌引起的变质

厌氧性芽孢杆菌主要存在于土壤，也有些可以存在于人和动物的肠道内，蔬菜、肉类和乳等原料经常可以发现这类细菌的存在，厌氧性芽孢杆菌在分类上属梭状芽孢杆菌属，除少数种在有氧条件下生长外，多数必须在缺氧条件下生长，这类菌可区分为嗜热性的、兼性嗜热性的和嗜温性的，该属种类多，但能引起罐藏变质仅少数。

1. 嗜热性的梭状芽孢杆菌

（1）嗜热解糖梭状芽孢杆菌（*Clostridium thermosaccharolyticum*）　这种菌具有嗜热和厌氧特性，生长温度为 43~71℃，最适温度为 55~62℃，无分解蛋白质的能力，能分解碳水化合物产酸产气（H_2、CO_2 等），可引起 pH 值为 4.5 以上罐头酸败，特别是中等酸性的蔬菜类罐头较为常见，可造成膨罐或爆罐，内容物酸度增高并经常有酪酸臭味或干酪臭味产生。

（2）致黑梭状芽孢杆菌（*Clostridium nigrificans*）　嗜热厌氧，生长温度为 27~70℃，最适温度为 55℃，耐热力比嗜热解糖梭状芽孢杆菌低，解糖的能力弱，能分解蛋白水解产物并放出 H_2、H_2S 与罐容器的铁质化合，使食品变成黑色并有臭味，因所产生的 H_2S 被罐内食品所吸收，不会有胀罐现象，多出现于酸度较低（pH 值为 4.5 以上）如鱼、贝类等水产动物罐藏食品，造成变质的原因是杀菌不完全和高温中存放时间长。

2. 嗜温性梭状芽孢杆菌

生长最适温 37℃ 左右，许多菌能在 20℃ 或更低温下生长，少数在 50℃ 或更高一些温度中生长。

（1）酪酸梭状芽孢杆菌（*Clostridium butyricum*）　这种菌是专性厌氧菌，能分解淀粉和糖类，除产生酪酸、CO_2 和 H_2 外，还产生少量的醇类、甲酸和乳酸等。见于中酸性（pH 值为 5.3~4.5）和酸性（pH 值为 4.5~3.7）的果蔬罐藏食品，如豆类、马铃薯和番茄制品，引起罐头食品酸败、凸罐甚至爆裂。

（2）巴氏梭菌　能分解糖类，不分解淀粉，引起罐头变质情况与酪酸菌相似。

（3）魏氏梭菌（*Clostridium welchii*）　又称产气荚膜杆菌（*Clostridium perfringenes*），这种菌存在于人和动物肠内，分解糖类能力强，主要产生大量乳酸和酪酸，有特殊异味，同时产气使罐凸起或爆裂，常在 pH 值为 6.0 以上的肉类、鱼类、贝类和乳类等罐藏中发现，而且又是食物中毒的病原菌。

（4）生孢梭状芽孢杆菌（*Clostridium sporogenic*）　分解蛋白质的能力很强，能使动物肌肉组织消化并变黑，能分解一些糖类。这种菌多出现于 pH 值为 6.0 以上的肉类和鱼类罐头中，使罐头内容物发臭（因产生硫化氢、氨和粪臭素等）和罐头发生膨胀或破裂。能引起这类性状变质的菌还有双酶梭状芽孢杆菌（*Clostridium bifermentans*）和腐化梭状芽孢杆菌（*Clostridium putrifaciens*）等。

（5）肉毒梭状芽孢杆菌（*Clostridium batulinum*） 分解蛋白质能力强，亦能分解糖类，在食品中繁殖，能产生肉毒杆菌毒素，人误食后即能中毒致死。它是食物中毒病原菌中抗热力最强的细菌，该菌可在 pH 值为 4.5 以上的肉、鱼、果蔬和乳制品罐中生长繁殖，造成膨罐产生毒素，并有恶臭味放出，其毒素已形成，但有时罐内未发现明显腐败。还会出现肉毒杆菌已在罐内生长繁殖并积累毒素，但罐头并未发生膨胀现象。6%～8%的食盐浓度可抑制肉毒杆菌繁殖和毒素形成，但不能破坏毒素，食品的 pH 值低于 4.5，肉毒杆菌生长受抑制。还有些非产气败坏的厌氧性芽孢杆菌，它们存在于中酸性罐头中。

（三）无芽孢细菌引起的变质

在自然界中，无芽孢细菌的种类要比有芽孢细菌的种类多得多，因此污染食品的机会也多。但这类细菌抗热力较差，pH 值为 4.5 以上的罐藏食品，通过高压蒸汽杀菌，这类细菌是不可能残存的，除非罐头密封不良，在冷却或贮藏中被污染。这类细菌能引起罐头变质的仅少数种类，例如，液化链球菌、粪链球菌和嗜热链球菌等。它们能分解蔗糖和乳糖产酸，在 pH 值为 4.5 或 pH 值为 4.5 以上的罐头中生长，兼厌氧菌，有较大的耐盐能力，能在 6.5%浓度的食盐中繁殖。嗜热链球菌在 40～50℃温度中良好生长，它在无芽孢杆菌中属抗热性大的细菌，它们在 60℃温度中保持 30min 还能存活。火腿罐头的酸败，常常是由于这类细菌引起的。但也经常会检出微球菌属中的一些菌种，粪链球菌也是食物中毒的病原菌。

除此外，还有大肠杆菌、产气肠杆菌（*Enterbacter aerogenes*）、变形杆菌属中的一些菌种，它们都属肠道细菌。在自然界分布较广，这些菌种经 60℃ 30min 的巴氏杀菌即被杀死。因此，罐藏食品在正常情况下，是不会有这群细菌残存的。如果在罐藏食品中检出这类细菌的话，经常是由于罐头杀菌后，在冷却过程中细菌随冷却水侵入罐内的，或冷却后罐头密闭不良而侵入的，这类菌只能引起 pH 值为 4.5 以上的罐头变质，使内容物酸臭和罐头膨胀。发生于 pH 值为 4.5 以下罐藏食品的无芽孢细菌引起的变质，只能是耐酸性强的菌种，如异型乳酸菌等。它们可造成番茄和水果罐头的产气性败坏。明串珠菌可引起水果及水果制品罐头的产气性败坏。

（四）酵母引起的变质

酵母引起的罐头变质，绝大多数发生在酸性高的（pH 值为 4.5 以下）罐头食品，如水果、果酱、果汁饮料、含糖饮料、酸乳饮料和低酸性的甜炼乳等制品。引起变质主要的酵母有球拟酵母属（*Torulopsis*）、假丝酵母属（*Candida*）和啤酒酵母等。酵母生长繁殖使罐内的糖发酵，引起内容物汁液混浊和产生沉淀，风味改变，同时产生CO_2，使罐头膨胀或爆裂。在加糖的制品中，食糖是一个重要的酵母污染源。含糖饮料的败坏，在绝大多数情况下，是被食糖中污染的酵母造成的。

（五）霉菌引起的变质

霉菌引起的食品变质，常见于高酸度（pH 值为 4.5 以下）的罐头，如果酱、糖水水果类罐头，低酸度的甜炼乳罐头也可发生。霉菌具有耐酸耐高渗透压的特性。因此，能在酸度高的和含糖量高的食品中生长，但必须在有氧的条件下才能发生，一般经过加热消毒的正常罐头是不会有霉菌残存的。若罐头中有霉菌出现，这说明罐头密闭不良受污染，或者由于杀菌不充分，导致霉菌残存。同时也说明罐头内真空度不够，有空气存在，霉菌在罐内繁殖。

一般不会引起罐头膨胀。例如，青霉属、曲霉属和柠檬霉属（*Citromycer*）等在罐头内繁殖后，罐头的外观还是保持正常的。但少数霉菌，如纯黄丝衣霉（*Byasochlamys fulva*），能产生二氧化碳而引起水果罐头膨胀。这种霉菌抗热性较强，它在 85℃ 30min 或 87.7℃ 10min 还能生存，该菌还具有能在氧气不足的环境中生长及强力破坏果胶物质的作用，从而使水果柔化和解体。纯白丝衣霉（*Byssochlamy nivea*）也具有与纯黄丝衣霉相同的特性和作用。

三、罐藏食品变质和微生物学的分析

（一）罐藏食品变质原因菌的分析

罐藏食品高温杀菌温度的确定，是以能杀死抗热力最大的食物中毒病原菌（肉毒杆菌）作为主要依据的。因此高温杀菌，在多数场合下可以杀死所有的微生物，包括肉毒杆菌在内的病原微生物和非病原微生物。如果罐头密闭良好，杀菌后罐内还有微生物残留的话，那么，这些残存的微生物，必然是具有抗热力特别强的芽孢细菌。它们在罐中繁殖就会引起罐藏食品变质。而且这种细菌引起变质的罐藏食品，绝大多数是属于酸性不太高的（pH 值为 4.5 以上）制品。在生产酸性和高酸性的罐藏食品时，一般应用低温消毒，由于温度不高，不足以杀死罐内所有的微生物，如果罐头密闭良好，那么所残存的微生物也必然是比较有耐热力的或耐热力特别强的细菌。

由于食品具有较高的酸度，可以有效地抑制它们的生长，不至于引起食品变质。但有时也会出现罐藏内食品变质，在这种情况下引起变质的原因菌，只可能是具有耐酸特性的细菌，包括芽孢细菌和非芽孢细菌。实际上，罐藏食品变质的发生，并不是都在罐藏食品密闭性良好条件下发生的。所以必须进行全面的分析。各种微生物引起罐藏食品的败坏现象是多种多样的，不同微生物作用于同一品种的食品，可以显示出不同的变质特性，但有时也有某些共同特性。同一种的微生物作用于不同的食品，也同样可以产生不同的和相同的变质特性。尽管微生物引起罐藏食品的变质是非常复杂的，但从罐藏食品变质后的外观是膨胀或平盖，并结合食品的化学组成、食品的 pH 值、加工的条件，特别是温度条件、罐藏食品密闭性和真空度、不同类群微生物的生活特性等，最后通过微生物学检验的结果，加以综合分析，就不难找出其变质的原因菌。

在分析微生物引起罐藏食品变质中，应注意的几个主要特点。

一是微生物引起产气型的变质，主要发生于含碳水化合物的食品。

二是引起产气型变质的微生物主要是细菌和酵母，细菌产气绝大多数见于 pH 值为 4.5 以上的罐藏食品，并以具有芽孢的细菌最为常见，酵母产气大多发生在 pH 值为 4.5 以下的罐藏食品。

三是非产气型变质，绝大多数见于 pH 值为 4.5 以上的，并含有碳水化合物的罐藏食品，主要原因菌是芽孢细菌。

四是出现霉菌引起的变质，常是罐头密闭不良造成的。

（二）罐藏食品变质的微生物学检验

微生物检验是分析罐藏食品变质原因的一个极为重要的方法，但绝不是唯一的方法，因为可能还有以下一些情况存在，必须予以考虑。

1. 食品变质无菌检出的原因

一是原料在加工前，或半成品在杀菌前已发生变质，经杀菌微生物已死亡。

二是罐藏食品杀菌后，因有抗热力强的微生物残存，并在罐中繁殖导致食品变质，接着微生物因受变质环境影响而死亡，如嗜热脂肪芽孢菌引起食品酸败后，因酸度升高而死亡。

三是有微生物存在但检测法不当而检不出。

2. 罐藏食品无变质有微生物检出，可能的原因

一是罐藏食品杀菌后有抗热微生物残存或密封不良，微生物侵入，但罐内环境不适宜其生育或有些微生物可在罐内生存一段时间。

二是检验过程，无菌操作不严密造成样品污染。

3. 罐藏食品有变质并有微生物检出，可能的情况

一是变质罐内有两种以上微生物共同作用所造成，检验时没有把它们全部检查出来。

二是罐藏食品的变质是杀菌后产生的，引起变质的微生物在贮藏过程已死去，已不能检出，而检出乃是与变质无关的微生物。

三是罐藏食品在杀菌前已变质，杀菌后微生物已死去，所检出的仍后来污染的。因此不能单凭能否检出及所检出的菌种就做出原因菌判断。

第三节 乳及乳制品的腐败变质

一、鲜牛乳中的微生物

鲜牛乳是一种营养比较完全的食品，其固形物平均含量为 12.5%，其中脂肪占 3.8%，蛋白质占 3.5%，乳糖占 4.5%，灰分占 0.7%。非常适宜多种类群微生物的生长繁殖。因此也非常容易引起变质和病原微生物的传播。

（一）牛乳中微生物的来源

1. 乳房内的微生物

一般健康乳牛乳房内都存在一些细菌，以微球菌和链球菌最为常见，棒状杆菌和乳杆菌也有出现。这些细菌主要存在于乳头管及其分枝，一般乳腺组织内是无菌或少菌的，乳头易为外界细菌侵入，细菌在管内常形成菌块。乳牛群中的乳腺炎带有病原微生物如无乳链球菌、乳房链球菌、金黄色葡萄球菌、化脓棒状杆菌以及埃希氏杆菌属等。在乳腺炎的乳液中乳液的性状也会发生变化，如非酪蛋白氮增多，过氧化酶增强，细菌数增多，pH 值增高，乳糖及脂肪量减少。同时，分泌乳量也受到影响。

2. 挤乳过程中微生物的污染

牛舍内的饲料，牛的粪便和地面的土壤是直接或间接污染乳液的主要来源。饲料和粪便中含有大量的微生物，每克粪便含有细菌 $10^9 \sim 10^{11}$ 个。牛舍地面干燥时，残留在地面上干燥的饲料和粪便细屑就成为尘埃，散布在空中，通过一系列的牛舍管理如搬动饲料、洗刷牛体、收拾牛舍，使牛舍中的尘埃和微生物的数量增加，挤乳前乳房和乳头清洗消毒不充分也会导致污染；牛体表面也会污染一定数量的微生物，有时其体表污物中每克含菌数达

$10^7 \sim 10^8$个，挤乳工人或其他管理人员也会把菌带入乳中。

3. 挤乳后微生物的污染和增殖

挤乳后，在进行过滤和冷却过程中，乳液所接触的贮乳器、过滤器和环境空气都有使乳液再污染微生物的机会。同时污染乳液的微生物也会增殖，当空气温度上升到30℃以上时，变质迅速，运输过程无冷藏的振荡也会加速微生物的繁殖。

（二）鲜乳中的微生物及其特性

鲜乳中常见的而且活动占优势的微生物主要是细菌。

1. 乳酸菌

乳酸菌是一类能将碳水化合物分解产生乳酸的细菌（G^+兼性厌氧菌），在乳中常见的有乳链球菌、乳酪链球菌、粪链球菌、液化链球菌、嗜热链球菌、嗜酸链球菌等。

2. 胨化细菌

胨化细菌是一类分解蛋白质的细菌，凡能使不溶解状态的蛋白质变成溶解状态的蛋白质的细菌，称为胨化细菌。乳液经乳酸菌的作用而产酸，使乳中的蛋白质凝固，或由于细菌的凝乳酶的作用，使乳中的酪蛋白凝固。胨化细菌能产生蛋白酶，使凝固蛋白消化成为可溶性状态。在乳中常见的有以下几种细菌。

芽孢杆菌属中的枯草杆菌、地衣芽孢杆菌、蜡状芽孢杆菌等。它们适宜生长温度为24～40℃，最高生长温度可达55℃。它们对热和干燥有较强的抵抗力，有许多菌种能产生两种不同的酶，一种是凝乳酶，另一种是蛋白酶。

假单胞菌属中的荧光假单胞菌和腐败假单胞菌（*Pseudomonas putrefaciens*）它们属G^-菌，需氧性，适宜生长温度为25～30℃，但也能在低温中生长繁殖。广泛分布于泥土和水中。

3. 脂肪分解菌

在乳液中出现的脂肪分解菌，主要是G^-菌，其中分解脂肪能力较强的细菌是假单胞菌属和无色杆菌属等。较多存在于地面、水中和粪便中。

4. 酪酸菌

酪酸菌是一类使碳水化合物分解产生酪酸、CO_2、H_2的细菌，已知有20多种，有厌氧性的和需氧性的。如牛乳中出现的代表菌种魏氏杆菌，就是一种G^+梭状芽孢杆菌，其生长温度为20～50℃，最适温度为45℃。广泛存在于牛粪、土壤、污水和干饲料中。

5. 产气菌

产气菌是一类能分解碳水化合物而产酸和产气的细菌。例如，大肠杆菌和产气肠细菌，都为 G⁻ 肠道杆菌，兼性厌氧菌，能分解乳糖产酸（乳酸、醋酸）并产生气体。

6. 产碱菌

产碱菌是一类能分解牛乳中含有的有机盐（柠檬酸盐）而形成碳酸盐，从而使牛乳变为碱性的细菌，例如，粪产碱杆菌（*Alcaligenes faecalis*）为 G⁻ 需氧菌，适宜生长于 25~37℃。又如，稠乳产碱杆菌（*Alcaligenes viscolactis*），除产碱外，能使牛乳产生黏稠，在 10~26℃ 温度下能生长。

7. 病原细菌

在鲜乳中，除可能存在引起乳腺炎的病原菌外，还可能出现人和动物共患的病原菌，如流产布鲁氏菌（*Brucella abortus*）、结核杆菌、病原性大肠杆菌、沙门氏菌、金黄色葡萄球菌和溶血性链球菌等。

8. 酵母和霉菌

在牛乳中常见的有脆壁酵母、洪氏球拟酵母（*Torulopsis hulmii*）、高加索乳酒球拟酵母（*Toruiopsis hefir*）、球拟酵母（*Toruiopsis globosa*）等；常见的霉菌有乳卵孢霉、乳酪卵孢霉（*Oospora casei*）、黑念珠霉（*Monilia niger*）、变异念珠霉（*Monilia variabilis*）、腊叶芽枝霉、乳酪青霉、灰绿曲霉和黑曲霉等。

（三）鲜乳贮藏中微生物的变化

1. 鲜乳在室温贮藏中微生物的变化

鲜乳在消毒前都存在一定数量的不同种类微生物，故在室温贮藏中乳液就会因微生物的活动而逐渐变质。乳液变质过程可分为下列各阶段。

（1）抑制期　鲜乳中均含有多种抗菌性物质，它对其中存在的微生物有杀死和抑制作用，在含菌少的条件下这种作用可持续 36h，污染严重的也可持续 18h 左右。因此，乳液在一定时间内不会出现变质现象。

（2）乳链球菌期　鲜乳中抗菌物质减少或消失后，乳中微生物迅速繁殖，可看到明显占优势的是乳链球菌、乳酸乳杆菌、大肠杆菌和一些蛋白分解菌等细菌，以乳链球菌生长最为旺盛，乳糖被分解产生乳酸，使酸度不断提高，从而抑制了腐败菌生长。当酸度升高至一定限度时（pH 值为 4.5），乳链球菌本身就会受到抑制，并且菌数逐渐减少，这时就有凝块出现。

（3）乳酸乳杆菌期　乳液 pH 值下降至 6 左右时，乳酸乳杆菌活动逐渐加强，当 pH 值下降到 4.5 以下时，由于乳酸乳杆菌耐酸力较强仍继续繁殖并产酸，此时出现大量乳凝块，乳清析出。

（4）真菌期　当 pH 值继续下降至 3.5~3.0 时，绝大多数微生物被抑制甚至死亡，仅酵母及霉菌能适应高酸环境，并利用乳酸及其他有机酸使酸度下降，乳液 pH 值不断上升至接近中性。

（5）胨化菌期　经上述几阶段后，乳中的乳糖含量已大量被消耗，乳中蛋白质和脂肪存在量比例增大，分解蛋白和分解脂肪的细菌开始生长，就产生乳凝块被消化（液化），pH 值逐渐提高向碱性转化，并有腐败臭味产生。这时的腐败菌大部分是芽孢杆菌属、假单胞菌属和变形杆菌属的一些种。

2. 鲜乳在冷藏中微生物的变化

鲜乳冷藏保存，一般适于室温繁殖的微生物，在低温下即被抑制，而属于低温类群的微生物却能生长，但生长速度很慢。鲜乳在 0℃低温下贮藏，一周内细菌数减少，一周后细菌数逐渐增加。常见的种类有假单胞菌属、产碱杆菌属、无色杆菌属、黄杆菌属、克氏杆菌属和微球菌。据研究，当冷藏乳液中的荧光假单胞菌活菌数达 $5×10^6$ 个/mL 时，乳液就有不良的气味产生；当乳中的稠乳产碱杆菌活菌数达（9~11）×10^6个/mL 时，乳液变黏稠。

冷藏乳的变质，最主要是乳液中脂肪的分解，多数假单胞菌属具有脂肪酶的特性，且低温时酶活性很强，并具有耐热性。冷藏中分解蛋白的低温细菌产碱杆菌和假单胞菌可使乳液胨化，产生黏稠和变苦；冷藏使细菌不会繁殖，G^+细菌的抗冰冻力比 G^-细菌强。

（四）鲜乳的净化、消毒和灭菌

1. 鲜乳的净化

净化就是在鲜乳消毒前，把混入乳液中的非溶解性杂质如草屑、牛毛、乳块等污染物去除，使杂质上的微生物不分散到乳液中去。净化的方法有过滤法和离心法。过滤可使微生物数量有不同程度的减少，其效果取决于滤器的孔径大小，鲜乳经减压砂滤试验，除菌率可达 90%以上。我国多数牧场只采用 3~4 层纱布过滤。据报道，离心法的除菌效果可达 90%，可除去芽孢 99%以上。

2. 鲜乳的消毒

牛乳的消毒温度和时间是根据最大限度消灭微生物和最高限度保留牛乳的营养成分和风味而定的。首先考虑杀死病原菌（结核杆菌等），目前各国乳品生产中采用的消毒或灭菌方法有以下几种。

（1）低温长时间消毒法　61~65℃ 30min 或 72~75℃ 10~15min 的保温加热使鲜乳消毒，因消毒时间长，目前已不太采用。

（2）高温短时间消毒法　一般采用管式杀菌器或板式热交换器进行杀菌，在温度 71~75℃ 15~16s 或 80~85℃ 10~15s 以上，这样可使大批量的牛乳进行加热连续消毒。

（3）超高温瞬时消毒法　采用 80~95℃ 瞬时加热消毒较前两者效果好，但有乳清蛋白凝固、褐变和加热臭等现象，不利于保持牛乳的新鲜质量。

牛乳经上述加热消毒后，一般可杀死乳液中 97%~99% 的细菌，残存的微生物主要为耐热细菌。如果消毒乳在室温（20~25℃）中存放的时间太长，仍然会出现变质现象。首先是乳液逐渐变稠，而后整个乳液形成凝块。凝块一般在存放 24~48h 内产生。如果继续贮存下去，即可看到凝块逐渐被消化，大量乳清析出。

3. 鲜乳的灭菌

污染严重的鲜乳经消毒后，乳液中常见的病原菌和大肠杆菌不能检出，但杂菌数却还相当高，常超过卫生标准，为了达到无菌状态，有些国家已采用超高温灭菌法，超高温灭菌法有两种：一种为直接蒸汽加热方式，即在牛乳中喷入高温蒸汽；另一种是间接蒸汽加热方式即在高温蒸汽中喷射牛乳。在灭菌过程中，先经 75~85℃ 预热 4~6min，接着通过 130~150℃ 的高温加热数秒钟。但超高温的温度不同，效果也不同，经 130~135℃ 2s，芽孢菌数可减少至原有的 1%。据夫兰克林报告：乳液经 138℃ 加热 2s 耐热芽孢不能全部杀死，必须经 142℃ 2s 才能见效。但乳液往往会产生 H_2S 臭味、乳清蛋白变性和褐变，在贮藏中尤其有变性蛋白质沉淀产生。

二、乳粉中的微生物

乳粉是由全脂乳液或脱脂乳液经浓缩、干燥而制成的干燥制品，由于乳粉含水分较低，所存在的微生物多为厌氧性嗜热细菌，都不能生长，处于抑制状态。但在制造过程中，微生物的活动状况有很大的变化。

（一）乳粉生产过程微生物的消长

1. 原料乳的净化和消毒

原料鲜乳必须经过酒精试验、酸度测定、乳脂率测定等，符合质量要求的，才能进行加工。但上述测定合格的，并不等于它含有的微生物数量指标也合格。因此，化验合格的鲜乳通过过滤和离心，可以大大降低乳液中的微生物数量，再通过消毒，又杀灭了大部分微生物，所以乳液在净化、在消毒过程中微生物的数量可以降到很低。

2. 浓缩

经消毒后的乳液，进入浓缩锅浓缩至原有容量的 1/4~1/2。浓缩乳温为 48~60℃，一般微生物在这样的温度中是不适宜繁殖的，再加上浓缩锅内是减压的，这对微生物来说是缺氧的环境，使绝大多数消毒后残留下来的微生物不会再生长。有可能生长的，只能是嗜热性厌氧微生物，这类微生物在乳液污染的微生物中仅占极少数，而且乳液停留在浓缩锅内的时间较短，不足以得到繁殖。因此，浓缩前后乳液中含菌数一般没有多大差别。

3. 浓缩乳干燥的方式

喷雾干燥、冷冻干燥、泡沫干燥等。喷雾干燥一般用 120~150℃ 的热风使喷出的乳液雾滴干燥，但乳粉粒的温度不过 60℃ 左右，进入干燥室的干燥热风，其杀菌作用不如热蒸汽。加以在干燥过程中细菌表面被干燥的乳膜所包围，更降低了热对细菌细胞的杀菌作用。同时乳液消毒后残留下来的多为耐热性的细菌，所以喷雾干燥不足以引起大量微生物的死亡，也不存在微生物生长繁殖的可能。乳粉中为什么会出现含菌数增多的现象？这是因为在干燥过程中再污染所造成的。例如，空气过滤器滤菌不严密，管道、干燥室在使用前清洁、灭菌不彻底，有乳垢死角残留，以及干燥室密闭性不良等造成的。在泡沫干燥和冷冻干燥过程中细菌死亡率也是比较小的。因此，乳粉在干燥前后含有的细菌数，一般不会有较大的改变。

4. 包装

喷雾干燥出来的乳粉，如果含水量保持稳定，微生物就不可能再有生长的机会，但乳粉暴露的空间、接触的容器、包装器材等物品如果不保持无菌条件，仍有污染微生物的可能，使乳粉含菌量增多。因此，包装时必须在严格的无菌条件下进行，才能防止微生物的再污染。

（二）乳粉贮藏中微生物的消长

防止乳粉中微生物消长的关键是控制乳粉水分含量，优质乳粉含水率为 2%~3%，贮藏过程其微生物数会逐渐减少，初期死亡率 50%，一年后 90% 以上死亡，残存的为抗热力强的芽孢杆菌。

三、炼乳中的微生物

（一）微生物引起的淡炼乳的变质

淡炼乳是消毒牛乳经浓缩（2.15～2.5）：1 而制成的乳制品，它含有不低于 25.5% 的乳固形物，和不低于 7.8% 乳脂肪。经 115～117℃ 的 15min 高压灭菌，罐装的淡炼乳可长期保存，不会因微生物而引起变质。但有时会因加热不充分或装罐不密封被微生物污染而发生变质。淡炼乳的变质现象有如下几种。一是凝乳，但酸度并不升高，这种现象称甜性凝固，其后凝块又逐渐被消化成乳清状液体，这种现象通常是由枯草杆菌引起的；有时凝固的炼乳也会出现酸度增高并呈现干酪样气味（凝乳芽孢杆菌引起）；二是产气孔，并伴有凝固现象和不良的气味出现，这是耐热性芽孢杆菌引起的；三是苦味乳，一些分解蛋白质的细菌如刺鼻芽孢杆菌引起的，由于细菌分解酪蛋白而出现苦味。

（二）微生物引起的甜炼乳变质

鲜乳中加入 16% 的蔗糖，经消毒并浓缩至原有体积的 1/3～2/5，使糖的浓度达 40%～45%，最后装罐，装罐后封盖，不再进行灭菌，借高浓度的糖分来防止微生物生长，从而达到长期保存的目的。若原料污染严重或加工过程中的再污染，特别是加入蔗糖含微生物较多，或加糖量不足等原因而引起变质。甜炼乳的变质现象有如下几种。一是膨胀乳，甜炼乳罐头因微生物繁殖而产生气体，使罐头膨胀，主要是炼乳球拟酵母（*Torulopsis lactiscondensi*）、球拟酵母（*Torulopsis globosa*）等；二是变稠乳，炼乳在贮存过程中，黏度增加以致失去流动性甚至全部凝固不易倒出，引起变稠的微生物多数是微球菌，还有葡萄球菌、枯草杆菌等；三是霉乳，因为害的霉菌种类不同而呈现出各种颜色，常见有匍匐曲霉和芽枝霉。

第四节　肉类和鱼类的变质

一、肉类中的微生物

（一）肉类中微生物的来源

健康动物除消化道、呼吸道和身体表面外，所有的组织内部是无菌的。但在牲畜屠宰后的组织经常有不同数量的微生物存在，这是由于下列

简明食品微生物学

原因造成的。

1. 宰前感染微生物

动物在生活期间，被病原微生物感染，所以在它们的组织内部可以有病原微生物存在。

2. 宰后污染微生物

动物宰杀时放血、脱毛、剥皮、去内脏、分割等过程中都会造成多次污染机会，宰后体温正好适合微生物生长繁殖。

(二) 肉类中微生物的类型

1. 腐生微生物

细菌、酵母、霉菌都会污染肉品，如细菌中的假单胞菌属、无色杆菌属、产碱杆菌属、微球菌属、链球菌属、黄杆菌属、八叠球菌属、明串珠菌属、变形杆菌属、埃希氏杆菌属、芽孢杆菌属、梭状芽孢杆菌属等；酵母和霉菌中的假丝酵母属、丝孢酵母属、芽枝霉属、卵孢霉属、枝霉属、毛霉属、青霉属、交链孢霉属、念珠霉属等。

2. 病原微生物

有两种类型；一种是对某些动物有致病作用，但对人无致病作用，另一种是对人和动物都有致病作用，如结核杆菌、布鲁氏菌、炭疽杆菌、沙门氏菌等。

(三) 微生物引起鲜肉的变质

1. 微生物侵入组织的过程

健康牲畜宰杀时，肉体表面就已污染一定数量的微生物，但肉体组织内部是无菌的。若能给予及时的通风干燥，使肉体表面的肌肉和浆液形成一层薄膜，就能阻止微生物侵入内部。若给予保藏在0℃左右的低温环境中，可存放10d而不变质。若温度增高，湿度增大，表面微生物迅速繁殖，细菌就能沿着结缔组织、血管周围或骨与肌肉的间隙和骨髓蔓延到组织深部，最后使整个肉体变质。同叶宰后肉的酶使肉组织产生自溶作用，使蛋白质分解产生胨和氨基酸，有利于微生物生长。

2. 鲜肉的变质

鲜肉在0℃左右环境中，一般保存10d后，若肉体表面比较干燥则逐渐出现霉菌；若表面润湿则有假单胞菌、无色杆菌等低温菌生长。当温度在10℃左右，则黄杆菌和一些肠道杆菌等生长占优势。当温度在20℃以上时，则有较多大肠杆菌类细菌、链球菌、芽孢杆菌、梭状芽孢杆菌生长。

肉体表面繁殖的微生物，属于需氧性微生物；肉组织发生变质并逐渐向组织内部延伸时，则是兼性厌氧微生物为主要活动的类群，当继续向深部伸展时，即出现较多的厌氧微生物生长繁殖。

肉类外观变质现象，凭感官可以判别的有下列几种。①发黏。肉表面有黏性物质产生，这就是微生物繁殖后形成的菌苔，主要是一些 G^- 细菌、乳酸菌、酵母所产生的。有时需氧性芽孢菌和微球菌也会在肉表形成黏状物拉出时如丝状。②变色。常见的是变绿色，这是由于蛋白质分解所放出的硫化氢与肉质中的血红蛋白结合而形成硫化氢血红蛋白（H_2S-Hb）。肉的酶自溶作用也会形成暗绿色斑点或由产生色素的微生物引起的。例如黏质赛氏杆菌能产生红色；深蓝色假单胞菌能产生蓝色；黄杆菌能产生黄色；产黄色的球菌和杆菌所产生的过氧化物与酸败的油脂作用后，可变成暗绿色、紫色和蓝色等。一些酵母能产生白色、粉红色和灰色等。③霉斑。肉表有霉菌生长时，首先有轻度发黏而后形成霉斑，如美丽枝霉（*Thamidium elegans*）和刺枝霉（*Thamidium chaetocladioides*）在肉体表面产生羽毛状菌丝；白色分枝孢霉和白地霉，产生白色霉斑；腊叶芽枝霉产生黑色斑点；草酸青霉产生绿色霉斑。④气味改变。脂肪酸败味、土腥味恶臭味等。

二、鱼类肉中的微生物

鲜鱼组织内是无菌的，而鱼的体表、鳃以及消化道内部都有一定数量微生物存在。鲜鱼经运输、贮藏和加工后体内微生物种类和数量会有所改变。淡水鱼它们随所处水生环境、不同气温地带、不同的水源所带的微生物有差异。海水鱼类所在的环境，引起鱼体腐败变质的细菌常见的有假单胞菌属、无色杆菌属、黄杆菌属、摩氏杆菌属（*Moraxella*）等。淡水鱼类除上述的细菌外，还有产碱杆菌属、气单胞菌属（*Aeromonas*）、短杆菌属等细菌。

1. 鲜鱼的变质

死后的鱼体变质败坏开始时，体表黏液蛋白因细菌分解和鱼体本身酶的作用，可使体表呈现浑浊、无光泽。表皮由坚硬变松软，鱼鳞易脱落，同时消化道的细菌迅速繁殖，使消化道组织溃烂，细菌扩散入体腔内壁，使整个鱼体组织受破坏，产生吲哚、粪臭、硫醇、氨和硫化氢等臭味。

2. 鲜鱼低温保藏中的微生物

鲜鱼冷藏可抑制鱼体内酶的消化作用和抑制微生物的繁殖。鲜鱼在 $5\sim10℃$ 中贮藏，嗜冷菌能够生长，保存有效期较短，只能保藏 5d；鲜鱼在 0℃

时，绝大多数微生物受抑制，保存有效期 10d；当温度降到 -5℃时，细菌生长基本被控制，保存有效期 2~3 周以上。为了更久地保存，常采用 -30~-25℃的速冻保存。

3. 盐藏鱼的变质

当鱼体处于食盐浓度 10%时可抑制一般细菌生长；15%时多数球菌还能发育，要抑制腐败菌及抑制鱼体本身酶的作用，必须提高食盐的浓度到 20%以上。经高盐腌制的鱼体常会发生赤变，这是盐菌在鱼体上生长造成的颜色，如玫瑰色微球菌、盐地赛氏杆菌（*Serratia salinaria*）、盐地假单胞菌（*Pseudomonas salicaria*）等细菌。

第五节　禽蛋中的微生物

一、鲜蛋中微生物的来源

新鲜蛋内一般无菌，蛋生出后的蛋壳表面有一层胶状物质，蛋壳内层有一层薄膜，再加上蛋壳的结构，都有阻碍微生物入侵的作用，而且鲜蛋蛋白质内含有溶菌、杀菌及抑菌作用的溶菌酶，其杀菌作用在 37℃下保持 6h，低温时稀释 5 000 万倍对敏感菌仍有杀菌和抑菌作用，对病原菌、葡萄球菌、链球菌、伤寒杆菌及炭疽杆菌均有一定的杀菌作用。但蛋内仍有菌存在的原因有以下 3 点。

（1）卵巢内污染　在卵巢内的细菌侵入蛋黄内，禽类吃了病原菌后通过血液循环而侵入卵巢。

（2）产蛋时污染　排泄腔内的细菌向上污染至输卵管，导致蛋污染，生蛋时因空气冷却，蛋内部收缩，微生物随空气穿入蛋内。

（3）蛋壳污染　蛋壳上有布满 4~40μm 大小的气孔，蛋在运输、贮藏过程中微生物经蛋壳小孔而进入，故蛋壳有许多细菌，高达 400 万~500 万个细菌，污染严重者达 14 000 万~90 000 万个。

二、鲜蛋的变质

（一）微生物引起鲜蛋变质的条件

温度是重要的条件，湿度高有利于霉菌活动，也有利于壳外细菌向壳内入侵。

（二）微生物引起鲜蛋变质的现象

首先使蛋白与蛋黄间的系带分解断裂，使蛋黄不能固定而发生位移，其后蛋黄膜被分解，使蛋黄涣散，蛋黄与蛋白相混，蛋黄再进一步分解产生硫化氢、氨、粪臭素等分解物，蛋液呈灰绿色并伴有大量恶臭气体，这种变质蛋称泻黄蛋；有时不产生硫化氢而呈酸臭，蛋液呈红色，蛋液稠浆状或有凝块出现，称酸败蛋；外界霉菌侵入蛋内繁殖，形成大小不同深色斑点，称为黏壳蛋。

（三）鲜蛋中微生物的类群

1. 引起腐败变质的微生物

（1）细菌　以枯草杆菌、马铃薯杆菌、变形杆菌、大肠杆菌、粪产碱杆菌、荧光杆菌、铜绿假单胞菌和某些球菌较为常见。

（2）霉菌　有芽枝霉、分枝孢霉、毛霉、枝霉、葡萄孢霉、交链孢霉及青霉等。

2. 鲜蛋中的病原菌

鲜蛋带有沙门氏菌较为常见，禽体带有沙门氏菌是鲜蛋内污染沙门氏菌的主要原因。

第六节　微生物引起新鲜果蔬的变质

一、微生物引起新鲜果蔬的变质

（一）污染果蔬微生物的来源

果蔬组织内部有微生物。例如，一些苹果、樱桃等的组织内可分离出酵母属的酵母菌，番茄中分离出孢圆酵母属、红酵母属等酵母和假单胞菌属的细菌。这些微生物是在开花期即已侵入并生存在植物体内。

果蔬因遭受植物病原微生物的侵害，使其带有大量病原微生物，这些微生物在果蔬收获前从根、茎、叶、花、果等途径侵入。

果蔬采收后的包装、运输、贮藏中由于接触外界环境，可能污染腐生微生物或病原微生物。

（二）微生物引起果蔬的变质

果蔬表皮组织受到昆虫的刺伤或其他机械损伤，微生物就会从伤口入侵并进行繁殖，使果蔬溃烂变质。开始引起水果变质的微生物，只能是酵母和霉菌，而引起蔬菜变质的微生物主要是霉菌、酵母和少数细菌，最常见的是霉菌在果蔬表皮损伤处繁殖或黏附污染物处生长，霉菌侵入果蔬后首先破坏细胞壁的纤维素，进而分解细胞内的果胶、蛋白质、淀粉、糖类、有机酸成为更简单的物质，而后细菌开始繁殖，有时细菌和霉菌同时进行繁殖，但也有一开始就由细菌或酵母引起的。

果蔬受侵后，出现各种色斑、组织变松软、凹陷、变形，并逐渐变为浆液状，乃至水液状，并产生各种酸味、芳香味等。果蔬本身的酶和一定外界环境因素，对果蔬变质有一定的协同作用，部分病原微生物也是果蔬变质的主要类群。

（三）果蔬冷藏中的微生物

低温可抑制微生物和果蔬体内各种酶的活动，延长保藏期。但过低温度会使果蔬冰冻，引起果蔬组织及物理性状的改变，不冰冻的低温也还可能引起果蔬变质。果蔬保藏有效期的长短，除主要决定温度外，并与果蔬原来所带的微生物数量，果蔬表皮的损伤情况，果蔬的 pH 值、成熟度、冷藏环境中的湿度和卫生状况等因素有关。

二、微生物引起果汁的变质

微生物进入果汁后，能否生长决定于果汁的 pH 值，果汁一般 pH 值为 2.4～4.2，并含有一定的糖分，糖分高的果汁对某些类群微生物就有抑制作用。因此果汁中生长仅是一些酵母、霉菌和少数细菌。

（一）果汁中的细菌

最主要的是乳酸菌类细菌，它们能在 pH 值 3.5 以上的果汁中生长，有些乳酸菌的生长还必须有一些氨基酸、肽和维生素等特殊营养物质。它们利用果汁中的糖和有机酸（苹果酸、柠檬酸等）后，主要产生乳酸、二氧化碳和琥珀酸。若在苹果汁中还可以产生少量的丁二酮、醋酸和乙偶姻。明串珠菌、胚芽乳杆菌和链球菌属引起的发酵，由于有多糖形成而使果汁发生黏稠。pH 值低的果汁，一般细菌不会繁殖，即使有芽孢也不会长时间残存，高于 pH 值 4.0 的果汁，则有发生酪酸发酵的可能。

（二）果汁中的酵母

压榨出来的果汁中所含的酵母，多数属于假丝酵母、孢圆酵母、隐球酵母和红酵母，发酵后的果汁有时分离出的酵母是后来污染的。

浓缩果汁由于酸度高并含有高浓度糖（橘汁 60%或苹果汁 70%），使细菌生长受抑制，只有少数酵母和霉菌能生长，鲁氏酵母、蜂蜜酵母可在浓缩果汁表面生长进行酒精发酵，属耐高渗压酵母，耐高渗压微生物能在 80% 糖液中生长，它们生长的最低 Aw 值是 0.650~0.700，有人认为果汁含糖多吸湿性强而致表层浓度降低以及与空气接触从而促进生长，因此这些酵母浮于表面生长。

（三）果汁中的霉菌

由霉菌引起果汁的变质是比较少见的，果汁中发现的霉菌，以青霉属最为常见，其次为曲霉中的构巢曲霉（*Aspergillus nadulans*）、烟曲霉，还有拟青霉属（*Paecilomyces*）、丝衣霉属（*Byssochlamys*）、红曲霉属（*Monascus*）和瓶霉属（*Phialophora*）等霉菌。这些霉菌在果汁中稍有生长，就会产生难闻的臭味，它们对低温消毒具有耐热性。

（四）微生物引起果汁变质

微生物引起果汁变质的现象，微生物引起果汁变质现象主要有下列 3 种。

1. 混浊

果汁发生混浊，除化学因素造成外，多数是由酵母引起的，经常出现的是孢圆酵母属酵母，多数场合是因为贮藏果汁的容器清洗不净，以致酵母被残留下来，使果汁发酵，一些耐热性强的霉菌如雪白丝衣霉菌（*Byssochlamys nivea*）、宛氏拟青霉（*Paecilomyces varioti*）也是造成浑浊的原因，但少量时不发生浑浊，这些霉菌能产生果胶酶，对果汁有澄清作用，但会引起风味的一些改变。

2. 产生酒精

酵母可使贮藏的果汁发酵产生酒精，果汁若置于高压二氧化碳气体下贮藏就不会发生酒精发酵，会引起这种发酵的细菌极少数，例如，甘露醇杆菌（*Bacterium mannitopoem*）可使果糖的 40% 转化为酒精，有些明串珠菌的菌株也可使葡萄糖转化为酒精。霉菌中的毛霉、镰孢霉、曲霉的部分菌种，在一定条件下也能促使果汁转化为酒精。

3. 有机酸的变化

葡萄果汁含酒石酸，苹果酸多；蜜柑、苹果和梨等果汁含柠檬酸多。

（1）酒石酸　不容易被微生物分解，比较稳定，酵母对酒石酸不起作用，起作用的仅极少数细菌如解酒石杆菌（*Bacterium tartaropherum*）、琥珀酸杆菌（*Bacterium succinicum*）、肠细菌属（*Enterobacter*）和埃希氏杆菌属，青霉、曲霉、镰孢霉等一些霉菌也具有分解酒石酸能力。

（2）苹果酸　乳杆菌属（*Lactobacillus*）明串珠菌属等能分解苹果酸称为丙酸发酵，在分解过程中有时可产生乳酸和琥珀酸，酵母对苹果酸的分解作用弱，霉菌中的灰绿葡萄孢霉能分解苹果酸，而黑根霉却可以生成苹果酸。

（3）柠檬酸　多数乳酸菌能分解柠檬酸生成醋酸和 CO_2，含醋酸多的果汁即为劣质果汁。

第十章 食品卫生与微生物

食品卫生是指食品在从生长、生产、加工、运输、贮存、销售直至食用过程的各个环节中，控制或消除各种有毒有害因素所采取的一切措施，以保证食品安全、食品的色、香、味和组织状态等感官性状的完好和促进人体的健康。如果食品不卫生，不仅降低了食品的营养价值，而且容易使人体产生疾病，损害健康，甚至危及生命或对后代产生影响。食品中为什么会有有害因素存在，主要是遭受周围环境污染造成的，其中微生物污染食品是最易发生而且较为多见的。

第一节 食品中微生物的污染、消长和控制

一、食品中微生物的污染源

（一）土壤中的微生物

1. 土壤环境的特点

土壤是微生物生长的大本营，1g 土壤表层可含有微生物 $10^7 \sim 10^9$ 个，这些微生物推动着土壤进行各种复杂的生化变化，土壤含有各种无机物质和有机质，土壤各团粒之间有空隙，可贮藏水分和空气，水分多土壤容易缺氧。排水良好的土壤贮藏有较多的 O_2，因而既适宜厌氧微生物也适宜好氧微生物。土壤的 pH 值范围一般中性居多，但可变化于 pH 值为 $3.5 \sim 10.5$。土壤的温度虽然随气温而波动，但土壤中的温度比较稳定，由于土壤的性状不是一成不变的，所以土壤微生物的种类和数量都有可能发生变动。

2. 土壤中微生物的主要类群及其特点

根据微生物的营养不同可分为两类。

（1）自养型微生物 如硝酸细菌、亚硝酸细菌和硫细菌等。

（2）异养型微生物 如很多引起食品变质的微生物、食物中毒的病原微生物和传染病的病原微生物等都属于异养型，包括细菌、放线菌、霉菌和酵母菌等。细菌在土壤中占有的比率大，而腐生性球菌、需氧性芽孢菌（如枯

草杆菌、蜡状芽孢菌、巨大芽孢菌等）和厌氧性芽孢菌（肉毒梭菌、腐化梭菌等）在细菌中占大量，还有许多无芽孢菌，如摩氏杆菌属、大肠杆菌、欧氏植病杆菌属（Erwinia）、赛氏杆菌属（Serratia）。有芽孢的细菌在土壤中具有强大抵抗力，生存期特别长。

土壤中的酵母菌、霉菌以及大多数的放线菌都存在于土壤的表层，霉菌和酵母菌多活动于酸性土壤之中。一般浅层的土壤（0～20cm）微生物最多，随着土层深度的加深微生物数量逐渐减少。感染各种病原微生物的病人和患病动物的排泄物、尸体或通过废物、污水而污染土壤，多数病原菌因不适土壤环境而迅速死亡。但不同种类的病原微生物在土壤中生存的时间有很大的差别。一般无芽孢的病原菌在土壤中生存的时间较短；有芽孢的病原菌生存的时间较长。例如，沙门氏杆菌只生存数天至数星期；炭疽杆菌却能生存数年或更长时间。除此之外，土壤本身亦能存在长期生活的病原微生物，如肉毒梭状芽孢杆菌。

（二）空气中的微生物

1. 空气环境的特点

空气环境的特点是缺乏微生物生长所需要的营养物质，加之少水、干燥，有日光照射使微生物不能进行生长繁殖，只能以浮游状态存在于空气中。

2. 空气中微生物主要类群及其特点

空气中的微生物主要来自地面，但空气环境对一些 G^- 菌来说只能短期存活，在空气中检出率较高的属于抵抗力较强的 G^+ 球菌、G^+ 杆菌以及酵母菌和霉菌的孢子，它们附着于尘埃中或被包裹于微小的水滴中而悬浮于空间。因此尘埃越多污染微生物越多，下雨或降雪，微生物数量会降低，一般人类生活环境的空气中，每立方米含微生物量为 $10^2 \sim 10^4$ 个，室内被严重污染的每立方米含微生物量高达 10^6 个以上，室内空气中菌数的多少与气候条件、人口密度以及室内外的清洁卫生状态等因素有关。在空气中有时也会出现病原菌，这些病原菌，有的间接地来自地面，有的直接来自人或动物的呼吸道，如结核杆菌、金黄色葡萄球菌等一些呼吸道疾患的病原微生物，在空气畅通的空间，就很难检查出病原菌。

（三）水中的微生物

1. 水的环境特点

自然界不同的水源含有不同量的无机物和有机物。水的表层含氧较多，水的下层缺氧，一般淡水的 pH 值为 6.8~7.4；咸水 pH 值较高为 8.4 左右；水温随气温变化而变化。不同水源的生境中有不同类群的微生物。

2. 水中微生物的主要类群及其特点：

（1）淡水中的微生物。江、河、湖等淡水中存在的微生物，与食品有关的有假单胞菌属、产碱杆菌属、黄杆菌属、气单胞菌属和无色杆菌属等所组成的一群 G⁻菌。它们最适温度为 20~25℃，另外一群是来自土壤、空气、生产、生活的污水以及人和动物粪便的微生物，其中的微生物有许多是人和动物消化道内正常的寄生菌如大肠杆菌、粪链球菌和魏氏杆菌；还有很多是腐生菌，如变形杆菌和一些厌氧性的梭状芽孢杆菌，在有些情况下，也可发现有病原菌的存在。

在水中的微生物并不是全部都能生长繁殖的，能生育的只有天然微生物。水中活动的微生物种类与数量，因气候、地形条件、水中含有的营养物质、温度、含氧量、水中含有的浮游生物、噬菌体以及其他一些拮抗微生物等的不同而变化。含有大量污染微生物的河水隔一定时间后由于光照，河水流动使含菌量冲淡。水中有机物因微生物活动消耗而减少以及浮游生物、噬菌体的吞噬作用等而起了自净作用。

（2）海水中的微生物。在海水中生活的微生物均具嗜盐特性，近陆地的海水含有机质较多微生物数量多。其微生物特性近似于陆地微生物，常见的细菌种类有假单胞菌属、无色杆菌属、不动细菌属（*Acinetobacter*）、黄杆菌属、噬胞菌属（*Cytophaga*）、微球菌属和芽孢杆菌属等。在海鱼体表经常有无色杆菌属、黄杆菌属和假单胞菌属的细菌检出，是鱼体的腐败菌，还有的细菌是海产鱼类的病原菌。有些菌种并能引起人类食物中毒，如副溶血性弧菌。

（四）来自人及动植物的微生物

人及动植物的体表、健康人体和动物的消化道和上呼吸道均有一定种类的微生物存在，当人和动物因病原微生物寄生而造成病害时，患者就会向体外排出大量病原微生物，其中少数是人和动物共患的病原微生物如沙门氏菌、结核杆菌、布氏杆菌，它们若污染食品和饲料会引起人和动物疾患或食物中毒；有些寄生于植物体的病原微生物的代谢产物具有毒性，会引起人类食物中毒。

二、微生物污染食品的途径和食品中微生物的消长

食品原料通过运输、贮藏、加工直至制成成品以及销售等一系列的过程

中，都有可能遭受微生物的污染，污染的途径是多方面的。污染后的食品中，微生物的种类和数量，随着环境的变化会出现减少或增多的现象。

（一）污染途径

1. 通过水而污染

各种天然水源包括地下水（井水和泉水）及地上水（湖、河、江、塘、海水）不仅是食品重要的微生物污染源，而且也是微生物污染食品的主要途径。在很多情况下，食品被微生物污染，是通过水的媒介而造成的。自来水是天然水经过净化和消毒的水，按国家水质卫生标准的要求，这种水存在的微生物需降低到极低的数量，并确保水中无病原微生物存在。因此，自来水在正常情况下起不了传播微生物途径的作用。深井水因不受外来微生物的污染，也不会有病原微生物存在，非病原微生物的含量也极少。但有时因某些原因，使自来水中微生物数量剧增，如果用这种水处理食品，自来水就会成为传播微生物的途径。

2. 通过空气而污染

空气中微生物的变动情况与灰尘数量变动情况大体相似。由于空气中的湿度增加，微生物数量会减少。随着灰尘的飞扬或沉降而将微生物附着在食品上。人体的带有微生物的痰沫、鼻涕、唾液的小滴，在讲话时、咳嗽时或打喷嚏时，可直接或间接污染食品。若人在讲话时或打喷嚏时，在距人1.5m范围内是直接污染区。大的水滴在空中可停留30min，小的水滴能停留4~6h，食品暴露于空气中就不可避免地要被微生物污染。

3. 通过人及动物而污染

人体也是微生物污染食品的媒介，最常见的是人的手造成食品的污染，接触食品的从业人员的衣服如不经常清洗和消毒，他们的衣服就会有大量的微生物附着，从而造成食品的污染。食品放置场所是鼠、蝇、蟑螂等小动物频繁活动的场所，它们的体表或消化道内均有大量微生物，它们是微生物的传播者，而且鼠类常是沙门氏病原菌的带菌者，有时食品被沙门氏菌污染常与鼠类接触食品有关。

4. 通过用具及杂物而污染

应用于食品的一切用具，如原料的包装物品，运输工具，生产加工设备和成品的包装材料或容器等，都有可能是微生物污染食品的媒介。上述这些物品在未经消毒或灭菌前，总是带有不同数量的微生物，从而污染装运的食品。遇到包装物品更换和运输环节变动时就会造成更多的污染。特别是装运易腐败食品的运输工具和容器，由于在用过后未经彻底清洗和消毒而连续使用，使运输工具和容器上残留大量微生物，从而污染以后装运的食品。食品在加工过程中通过不加高热的设备越多，造成污染的机会也越多。包装材料或容器不洁净也会使食品重新遭受污染。

（二）食品中微生物的消长

食品中的微生物，不论在种类上或数量上，会随食品所处环境的变动和食品性状的变化而变动，这种变动所表现的主要特征，就是食品中微生物出现的数量增多或减少。可从下列 3 个阶段看到食品中微生物的消长。

1. 加工前

动物性原料或植物性原料都有不同程度的微生物污染，再加上运输、贮藏等过程的污染，这些就引起原料中微生物不断增多。虽然因环境不适应可以引起微生物死亡，但微生物总数量仍增多，食品加工前原料中所含微生物要比加工后多得多。

2. 加工过程中

在食品加工的一系列的条件中，有些条件对微生物生存是不利的，特别是清洗和加温消毒或灭菌，在正常的情况下，这些加工条件可使食品中微生物数量明显下降，甚至完全消除。若原料污染严重就会影响加工中微生物的下降率，但在一般卫生良好的情况下，可能遭受再污染只是少量，因而食品中所含微生物总数不会有明显增多；若残留的微生物在加工过程有繁殖的机会就会急剧增加。

3. 加工后

在食品制成后的贮藏中，由于食品中还有残留的微生物或再次污染，条件适宜微生物就会再繁殖引起食品变质，微生物上升到一定数量，就逐渐下降，这是因为变了质的食品不利于该微生物的生长。若在变质的食品中有其他种微生物存在并能适应这环境，就会再次出现剧增高峰。制成的食品，如果不再受污染，所残存的微生物是会随贮藏期的延长而不断下降。

三、控制微生物污染食品

无论什么食品，必须保证无病原微生物和无其他毒害物质，在首先满足这一要求的前提下，再尽量考虑到人们所希望的对食品的其他一些要求。例如，不失去或尽可能少失去原有食品的营养价值，保持食品原有的或应有的色、香、味以及良好的组织性状。为此必须做好以下几个方面的卫生工作。

（一） 加强环境卫生管理

在人们生产和生活中，不断产生大量的污物、垃圾、污水和粪便等，在这些废物中，一部分经常含有对人体有毒害的物质；另一部分可能含有大量病原微生物和寄生虫卵。其中大量污物可加工为有机肥料，有些污物中含有工业生产有用的物质，必须进行无害化处理再综合利用。

1. 垃圾的无害化处理

垃圾是固体污物的总称，根据其组成成分，大致可分为有机垃圾和无机垃圾。前者主要是动植物性的废物如瓜皮、菜叶、果壳和动物尸体等，这些物质易于腐败，含有大量微生物并有较高的肥效成分；后者如碎砖、破瓦等则无须处理。前者常用堆肥法处理，通过厌氧微生物的作用，使之发生急剧的生化变化，逐渐分解成为简单的无机物，最后使污物完全无害化成为腐殖质肥料。生产垃圾包括废气和废渣，某些化学工业中的一些废弃物质有很多是对人类健康有危害的，必须收集和管理，可根据其不同性质，给以无害化处理和回收加以综合利用。

2. 粪便的无害化处理

（1）粪尿混合贮存法　将粪尿贮放在密闭的贮粪池内，进行厌氧发酵分解发热，促使病原微生物和虫卵死亡，提高肥效，有效防止蝇蛆滋生繁殖。

（2）堆肥无害化处理　在垃圾堆肥中，渗入一定粪尿堆制腐熟，使其无害化。

（3）药物处理法　在粪便中加入具有杀蛆、杀病原微生物的效能和肥效作用的石灰氮或尿素等物质。

3. 污水无害化处理

污水包括工业污水、生活污水和雨雪水。生活污水采用下水道系统处理法较为理想。污水流入密闭下水管道，最后汇集至集中池，通过污水净化设备进行处理。在污水经过去除大的悬浮物后，即进行生物学净化，生物学净化就是借助微生物和其他低等生物的生理活动，使有机物分解和杀死病原菌的方法。

工业污水的处理较为复杂，处理的方法有浓缩、过滤等物理方法；有中和、凝集、沉淀等化学方法和生物方法等。生物学处理工业废水的效果较好，比较经济并可回收有用气体和其他物质以供综合利用。污水中的微生物把其中的复杂有机物进行分解，成为可被微生物利用的简单物质，由于微生物的大量繁殖，大量的微生物和原生动物组成了生物群体，构成了活性污泥，活性污泥具有吸附能力，能将未被分解的颗粒状物质吸附沉淀下来，最后使废水得到净化。

（二）加强食品的卫生管理

食品生产的卫生管理，是以切断微生物的污染途径和污染源为主要内容。

1. 食品的运输卫生和贮藏卫生

食品原料或成品的运输工具和贮藏场所，在使用之前必须经过清洗和消毒。使用时要有防尘、防热设备，对易腐食品的原料，应设置冷藏设备。熟食品要有经消毒的专用运输工具，在运输和贮藏过程中，必须防止有可能污染食品的各种途径，和严格控制可以引起微生物生长的各种因素。

2. 食品生产卫生

食品只有在良好的卫生环境中生产，才能有效地防止污染，生产出符合卫生要求的食品。

为避免食品生产基地的废弃物料、废水、污物等污染周围环境和避免周围环境的垃圾、粪便、污水、粉尘等污染食品，应根据国家工业企业卫生标准，设置防护带。生产厂房、办公室和生活区应分开设置。食品仓库、冷藏库和屠宰场等房舍应单独设置。

食品厂所在地的附近周围，和生产单位内的车间之间的空间场地的污物和灰尘中带有大量微生物，是食品生产的重要污染源之一。除做好经常性整洁外，应尽可能绿化，隔离污染源。

除经常保持车间四壁上下清洁外，还必须做好生产设备的清洗消毒。在生产中严格执行各项生产卫生制度。尽量减少食品暴露于人手易接触的空间及其他未经消毒的物品。生产中温度的合理化控制、缩短工艺流程时间、简化工艺过程以及生产的连续化、自动化及密闭化等，都是防止微生物污染的有效措施。同时还必须净化空气，室外的空气必须经过滤进入室内，室内有灰尘的空气排出室外。防止有尘源的物品带入，进入车间的人除应换上清洁工作衣、帽外，有时还必须经过无菌空气淋浴，以清除人体表面的浮尘。

3. 个人卫生

个人要养成良好的卫生习惯，勤洗手、理发、洗澡、剪指甲，经常保持工作衣、帽、口罩的清洁等。定期进行健康检查，重点检查消化道传染病的带菌者、结核病、传染性肝炎、蠕虫病以及皮肤、口腔等部位化脓性疾病等。如有发现上述病症，必须治愈后才能进入生产车间。

4. 食品生产用水卫生

食品生产用水必须符合国家规定的饮用水的卫生标准，天然水源必须净化，一般通过沉淀、凝集和过滤几个过程再经消毒，水源要进行卫生防护，设置卫生防护带。

第二节　食品被微生物污染后对人体的危害

一、细菌性食物中毒

食物中毒是指人体因吃了含有微生物或微生物毒素的食物，或者吃了含有有毒化学物质的食物而引起的中毒。细菌性食物中毒是食物中毒事例中较为常见的一类。分感染型和毒素型两种。感染型食物中毒：病原细菌污染食物后大量在食物上繁殖，这种含有大量活菌的食物被摄入人体，引起人体消化道感染而造成的中毒。毒素型食物中毒：食物中污染某些细菌以后，在适宜的条件下，这些细菌在其中繁殖并产生毒素，这种食物被人吃了以后而引起中毒，即称为毒素型食物中毒。

（一）沙门氏菌食物中毒

沙门氏菌是食物中毒最常见的致病细菌，这类菌群分布极广、种类繁多，据报道目前已有 2 000 个血清型。根据对人体和动物的感染范围不同，可分 3 个菌群。第一群是由伤寒沙门氏菌、副伤寒沙门氏菌等引起的肠热症菌群，这菌群致病菌只对人类有致病性；第二群是由如鼠伤寒、猪霍乱、肠炎类等多种沙门氏菌所引起的有发热症状的急性胃肠炎食物中毒，这菌群是人和动物共患的致病菌；第三群如鸡伤寒沙门氏菌和雏白痢沙门氏菌等，这菌群仅能对动物发病，很少传染于人，但有时会引起人类发生肠胃炎。

沙门氏菌属包括 4 个亚属，其中第三亚属是亚利桑那属（*Arizona*）。沙门氏菌为 G⁻ 短杆菌，不产芽孢及荚膜，周生鞭毛，能运动，兼性厌氧菌，生长适温为 37℃，但在 18～20℃ 时也能繁殖。对热抵抗力很弱，在 60℃ 经 20～30min 即被杀死。在水中可以生活 2～3 周，粪便中存活 1～2 个月，冰雪中存活 3～6 个月，在牛乳和肉等食品中能存活几个月。沙门氏菌食物中毒属于感染型食物中毒。主要临床症状，为急性肠胃炎，如腹痛、腹泻、呕吐。鸡、蛋及其制品，鱼、肉及其制品，牛乳及其制品及糖果均能被感染引起沙门氏菌食物中毒。

（二）变形杆菌食物中毒

变形杆菌为 G⁻、无芽孢杆菌，周生鞭毛，幼龄时形态变化极大。在培养中的菌落有迅速扩延的特性，本菌为兼性厌氧菌，但在缺氧下发育不良，适宜生长温度为 30~37℃，处于 20℃环境中也能生长。本属包括 5 个种，即普通变形杆菌（*Proteus vulgaris*）、奇异变形杆菌（*Proteus mirabilis*）、摩氏变形杆菌（*Proteus marganii*）、雷极氏变形杆菌（*Proteus rettger*）和无恒变形杆菌（*Proteus incostants*），前 3 种为食物中毒的致病菌。本菌大量存在于含有腐败动植物的土壤、阴沟及污水中。在人类、家禽、家畜中有较高的带菌率。本属菌引起的中毒既有感染型，也有毒素型。其中毒症状引起急性胃肠炎及过敏反应，主要表现是颜面及全身皮肤潮红、头晕头痛、荨麻疹、血压下降、心搏过速等。

（三）病源性大肠杆菌食物中毒

病源性与非病源性大肠杆菌在形态和生化特性上是不能区分的，只能从抗原性质的不同来区分。病源性大肠杆菌进入人体后能引起食物中毒。病源性大肠杆菌中目前最引人注意的是 O157 菌株。大肠杆菌为 G⁻ 的短小杆菌，生长温度范围 10~50℃，最适生长温度为 40℃，最适 pH 值为 6.0~8.0，生长速度快，最短增代时间仅 13~17min。在泥土或水中可存活数月，但在氯水中很快死亡。中毒症状主要是急性肠胃炎，潜伏期为 4~10h。

（四）副溶血性弧菌食物中毒

副溶血性弧菌为 G⁻、无芽孢的兼性厌氧性杆菌，形态呈多形性。菌体偏端有鞭毛一根，运动活泼，最适生长温度 30~37℃，最适 pH 值为 7.7~8.0 具有嗜盐性生活特性，故又称致病性嗜盐菌。繁殖速度快，其增代时间仅 8min，这个菌不耐热，加热至 50℃经 20min、55℃经 15min 或 65℃经 5min 即可杀死。中毒症状为上腹疼痛、恶心、呕吐、腹泻等急性胃肠炎症状。本菌的中毒机制尚不能确定是感染型或毒素型食物中毒。本菌引起的食物中毒多见于海产鱼、肉类、咸菜、腌肉等。

（五）粪链球菌食物中毒

粪链球菌是人和哺乳动物肠道内的肠道细菌，为 G⁺球菌，呈链状，最适生长温度为 30~35℃，抗热力比肠道内的 G⁻菌强，在 60℃中 30min 尚能生存。在 pH 值为 9.6 的培养基上还能生长，耐盐力较强。中毒症状主要是腹痛、腹泻、少有恶心和呕吐，症状一般较轻。该菌属于感染型或毒素型尚难确定。

（六）蜡状芽孢杆菌食物中毒

在芽孢杆菌属中，除炭疽杆菌是病原菌外，其他菌种有无致病作用，长期以来被人们所忽视，现已证实在食物中毒中少数病例是蜡状芽孢杆菌引起的。本菌为 G^+ 芽孢杆菌，需氧菌，芽孢呈椭圆形，最适生长温度为 28～35℃，本菌广泛分布于土壤、水体和空气中。中毒症状是恶心、呕吐、腹泻。一般无发热症状，潜伏期短，病程也较短，通常 6～12h 即可恢复。

（七）产气荚膜梭状芽孢杆菌食物中毒

产气荚膜梭状芽孢杆菌食物中毒又称魏氏杆菌食物中毒，是能产生芽孢的 G^+ 杆菌，无鞭毛，专性厌氧，最适生长温度为 43～47℃，生长 pH 值范围为 5.5～8，抗热性强，其芽孢在 100℃ 下加热 5h 尚能存活。根据其性质和致病性的不同，可分为 A、B、C、D、E 和 F 6 种菌型。A 型和 F 型是引起人类食物中毒的病原菌。中毒症状为急性胃肠炎、腹痛、腹泻，伴有发热和恶心等症状，病程较短，中毒机制还不清楚。

（八）葡萄球菌食物中毒

葡萄球菌属包括金黄色葡萄球菌、表皮葡萄球菌、腐生葡萄球菌等。与食物中毒有关的是金黄色葡萄球菌，人和动物的皮肤、黏膜损伤受感染可引起脓性炎症；人类食用金黄色葡萄球菌污染的食品，可引起毒素型食物中毒。

金黄色葡萄球菌 G^+ 球菌，呈葡萄状排列，无芽孢，无鞭毛，不能运动，是兼性厌氧菌。生长适温为 35～37℃，生长 pH 值为 4.8、缺氧条件下为 pH 值为 5.5。其菌体在 60℃ 下加热 30min 即可杀死。该菌在适宜条件下可产生肠毒素，肠毒素的耐热性很强，120℃ 经 20min 还不能完全破坏，必须经 218～248℃、30min 才能使毒性完全消除。现在已知至少有 A、B、C、D、E、F 6 种不同抗原性的肠毒素存在，C 型还分为 C_1 和 C_2。A 型毒力最强摄取的食物中含有 1μg 即能引起中毒。金黄色葡萄球菌食物中毒是毒素型食物中毒，其主要症状是急性胃肠炎，如恶心、多次呕吐、腹痛、腹泻等。适宜于本菌繁殖和产生肠毒素的食品主要为乳及乳制品、腌制肉、鸡、蛋和含有淀粉的食品。

（九）肉毒梭菌食物中毒

由专性厌氧的肉毒梭状芽孢杆菌引起的食物中毒，属毒素型食物中毒，该菌为 G⁺芽孢杆菌，有鞭毛，能运动，无荚膜，其芽孢是病原菌中抗热力最大的一个菌种，但其繁殖体对热的抵抗力和其他无芽孢细菌相似。所产生的外毒素是一种与神经亲和力强的嗜神经毒素。其中毒症状主要是神经系统症状，最初为恶心、呕吐，类似胃肠炎，接着是神经麻痹，即视力减退、视物模糊、复视、斜视、声音嘶哑、吞咽困难，继之四肢瘫痪和呼吸困难。根据在生化反应上和毒素的血清型上的不同，肉毒梭菌可分 A、B、C、D、E、F、G 7 个型，A、B、E 3 个型是主要引起人类中毒。纯制品 A 毒素毒性最烈，吸入的绝对致死量为 0.03μg，经口的致死量比非经口的约大 100 倍。肉毒梭菌在自然界主要分布于土壤和海、湖、江、河的砂泥土中，可直接或间接地污染食品，引起这类中毒的食品，包括蔬菜、鱼类、豆类、乳类等含蛋白质多的食品，我国发生的这类中毒，大多数是植物性食品，以食用家庭自制的变质发酵豆制品如豆酱、臭豆腐、面酱、豆豉等，少数是肉类罐头、腊肉、熟肉等引起的。

此外，还有污染小肠结肠炎的耶尔森氏菌、空肠弯曲菌、酵米面黄杆菌等菌的食品，也可能引起细菌性食物中毒的症状。

二、真菌性食物中毒

真菌的代谢产物真菌毒素（Mycotoxin）随着食品进入人体或动物体后产生的各种中毒症状，称真菌性食物中毒。真菌毒素是一些属于碳水化合物性质的食品原料如粮食，经有毒真菌的繁殖而产生的。

（一）麦角（Ergotism）中毒

麦角菌是一种寄生于麦类上的病原菌，常发现寄生于黑麦和禾本科牧草的子房内，夏末在麦穗上出现的一种突出的、长而微弯的角状物，并呈暗紫色（此即菌核），也就是俗话说的麦角。这是本菌寄生在麦类上一个明显特征。麦角中含有多种有毒的生物碱，人们吃了混入麦角的粮食就会引起食物中毒。中毒的临床症状表现急性中毒，恶心，呕吐、腹痛、腹泻、头晕、头痛、耳鸣、乏力、呼吸困难等症状，粮食中混入 0.5% 的麦角即有毒性出现，达 7% 时即会致死。

（二）黄变米中毒

大米在贮藏中被霉菌感染引起米粒黄变而产生毒素，变颜色由淡黄至黄褐色深浅不等，感染的霉菌主要有 3 种，即黄绿青霉（Penicillum citro-viride）、橘青霉、冰岛青霉（Penicillum islanding），所产生的毒素属神经毒，可侵染中枢神经，导致脊髓的运动神经麻痹，最后呼吸停止而死亡，也可引起肾慢性实质性病变及引起动物肝脏硬化和肝癌。

（三）赤霉病麦中毒

引起麦类赤霉病的病原菌是几种镰孢菌。除大麦、小麦、元麦外，还能引起玉米、稻秆、甜菜叶、甘薯和蚕豆的病变。引起赤霉病的霉菌可产生 5 种霉菌毒素，其中有 2 种主要的霉菌毒素，一种为具有致呕吐作用的赤霉病麦毒素，也曾称致吐毒素，属单端孢霉毒素；另一种是具有雌性激素作用的玉米赤霉烯酮。含有 9%～10%病变的面粉，可使引起部分人急性食物中毒，一般食后 0.5～1.0h 出现恶心、眩晕、腹胀、呕吐、手脚发麻、颜面潮红和酒醉样等症状。

（四）黄曲霉毒素中毒

黄曲霉毒素是黄曲霉和寄生曲霉的代谢产物。它是一类结构类似的化合物的混合物，其基本结构都有二呋喃环和香豆素。前者为基本毒性结构，后者可能与致癌有关。目前已确定结构的有 17 种毒素，该毒素不溶于水、乙烷、石油醚、乙醚，溶于氯仿、甲醇、苯、丙酮等有机溶剂和油。黄曲霉毒素非常稳定，耐热性强，加热到 280℃ 以上才破坏。主要污染粮油及其制品，如花生油、玉米、大米和棉籽等。对家畜、家禽等动物都有强烈的毒性，其毒性比氰化钾（KCN）强 10 倍，比砒霜强 68 倍，可引起原发性肝癌。引起中毒症状如急性损伤肝脏，使肝细胞变性、坏死、出血及胆管增生。而且有明显的致癌作用。

黄曲霉毒素容许量的卫生标准是 5～30μg/kg，我国在花生油、玉米、花生及其制品中黄曲霉毒素容许量为 20μg/kg，粮食、豆类、发酵食品不得超过 5μg/kg，婴儿食品不得检出。

三、消化道传染病

消化道传染病是由于食用了被微生物或寄生虫污染了的食品而发生的传染病，这类病的病原菌致病力强，人与人之间可直接传染。这里仅介绍几种微生物经口侵入消化道所引起的传染病。

（一）细菌性痢疾

由志贺氏菌属即痢疾杆菌属（Shigella）引起，本菌是无鞭毛、无芽孢的 G⁻ 短杆菌，包括志贺氏杆菌、福氏杆菌、鲍爱德杆菌和宋内氏杆菌四种。人体感染后的主要症状是畏寒、发热、腹痛、腹泻、黏液脓血便。病人或带菌者是传染源，可直接或间接通过粪便污染手、苍蝇、用具和水，使病菌污染食品经口侵入消化道。

（二）伤寒及副伤寒

伤寒及副伤寒的病原菌都属沙门氏菌属，G⁻杆菌，有鞭毛，能运动。对外界抵抗力比痢疾杆菌强。人体感染后的主要症状，初期头痛发热，4~7d后出现持续高烧，伴有食欲不振、腹胀、便秘或腹泻等症状。本菌的传染途径与痢疾杆菌的传染一样。伤寒病菌经口入胃，若未被消灭，则从小肠上部的淋巴组织侵入并繁殖，而后进入血流侵染全身组织。

（三）霍乱与副霍乱

由霍乱弧菌或副霍乱弧菌（*Vibrio cholerae*）引起的烈性传染病。为G⁻菌，弧形或逗号状，有一根端生鞭毛，能运动，抗逆力弱，55℃经10min会死亡。容易被一般消毒剂杀死。病菌经口入胃，进入小肠上皮细胞表面增殖。其症状是发病突然，为剧烈无痛性呕吐和腹泻，粪便为米泔样，肌肉痛性痉挛及虚脱。

（四）炭疽病

由炭疽芽孢杆菌引起，菌体较大，G⁺芽孢杆菌，不运动，芽孢体对高热和干燥抵抗力很强，140℃干热灭菌，需经3h才能死亡。人体经口感染炭疽杆菌后，可引起肠炭疽，起病急，有剧烈腹痛、呕吐、腹胀、便血样等症状。由于病菌在小肠内增殖并进入血液，形成败血病，是人畜共患的传染病。

（五）布鲁氏菌病

布鲁氏菌（*Brucella*）引起的人和动物共患的传染病。布鲁氏菌为G⁺、小球杆菌，不运动。对热非常敏感，于湿热60℃下6min即可杀灭。抗干燥耐低温，对一般消毒剂敏感。人类因饮用污染病菌乳液、食用病畜肉或被污染的水感染。感染后发病缓慢，呈波状发热症状。

（六）结核病

结核病是结核杆菌引起的人和动物共患的传染病，为G⁺菌、不运动，不形成芽孢，无荚膜、抗酸性，无鞭毛的细长分枝杆菌，耐干燥，在干燥痰液中，可存活2~7个月，对湿热抵抗力不强，在61℃下经28.5min杀死，100℃立即死亡。通过呼吸道或由污染病菌的食物和饮水而感染。

（七）病毒性肝炎

病毒为专性寄生，不能在食品中繁殖，但能残存在食品中时间较长，肉制品、乳制品、水产品、蔬菜、水果易被病毒污染。肝炎病毒经口或其他途径使人感染。引起全身性传染病，主要是肝脏病变，病人的唾液、血液、大小便等均携带肝炎病毒，对人具有高度的接触传染性。在环境中具有相当大的抗性，煮沸 3~5min 还能生存。

（八）脊髓灰质炎（灰髓炎）

灰髓炎病毒经人的呼吸或饮食而感染的小儿急性传染病，严重的可导致肢体瘫痪或死亡。

第三节　食品的卫生要求和微生物学的标准

一、食品的卫生要求

人们对食品的卫生要求，最基本的就是要确保食品在食用后应有绝对的安全性。因此，要求食品必须做到如下 4 点。

1. 有毒物质的控制

供人类食用的动植物性食品有两种情况可以造成食品中含有毒物质：①误用含有自然毒素的动植物供食用，如海产中的贝壳类就存在着一些具有毒素的蛤蜊、牡蛎等；植物中的白果、毒蕈、出芽马铃薯、苦杏仁等，这些有毒物质是动植物组织所特有的组成分；②食品被外界有毒物质所污染，包括有机毒物和无机毒物。人类食用含有有毒物质的食品后，可造成急性或慢性中毒，因此必须加以严格控制。控制在允许人体的最大摄入量的范围内。对儿童、病人、和老人等常采取更严格的控制，有时甚至完全不允许供他们食用。

2. 无寄生虫控制

菜、果、鱼、肉被寄生虫污染是一个值得重视的问题，生吃蔬菜易感染寄生虫病。有人试验，蛔虫卵在盐液、酱油、酒、甜面酱的调味品中 10d，不但未能杀死，反而90%的虫卵发育成具有感染性的虫体。几种水生植物，如红菱、荸荠、茭白等污染有姜片虫囊蚴，若生食这几种水生植物会经口进入体内发育为成虫。某些鱼类肌肉中有华枝睾血吸虫的蚴囊寄生，喜欢生食鱼就易感染得华枝睾血吸虫病，含有猪囊尾蚴的猪肉，猪肉被人未煮熟吃或生食囊尾蚴在人体十二指肠内形成带状成虫，称猪绦虫。牛肉也有发现囊尾蚴，生吃或未煮熟吃也可能感染牛绦虫等。

3. 无病原微生物

人类消化道多种常见或多发的疾病，都是微生物引起的消化道传染病，绝大多数是饮食不卫生引起的。要求食品中无病原微生物，首先必须控制住原料不受微生物污染。

4. 其他有害物质的控制

由于核试验和放射能的利用，可造成大气、土壤和水被放射性物质污染，环境中的放射物质可通过各种途径污染食品，这些物质经口进入人体造成人体健康受伤害。其他如金属屑、玻璃屑、煤渣、泥土、砂粒等异物也应严密防止进入食品。

二、食品卫生质量的微生物学指标

食品卫生标准是国家提出的对各类食品卫生质量的要求。除根据各类食品的特性规定若干相应指标外，还规定了每项指标所用的统一检验方法。目前各国制定的食品卫生标准内容包括以下三方面指标。一是感官指标。检查食品的色泽、气味、质地是否正常，有无异物及霉变、杂质等。二是理化指标。检查食品在原料、生产加工过程中带、触有害有毒物质以及腐败变质后产生的有害有毒物质，如农药残留、砷、汞、铅等重金属和微生物产生的毒素等，并根据食品性质规定了某些食品的允许量。三是细菌指标。包括细菌总数、大肠菌群数、病原菌等指标，即食品卫生的微生物学指标，规定了各种食品中不得超过的菌数。

（一）细菌总数

细菌总数是指在牛肉膏蛋白胨培养基上长出的菌落数。一般用 1g 食品或 $1cm^2$ 的食品面积或 1mL 食品中含有的细菌总数（杂菌总数）来表示，食品中微生物的含量多少反映了食品被污染的程度；也可反映食品的新鲜度和生产过程的一般卫生状况以及食品是否变质。因此是判断食品卫生质量的重要依据。例如，人的感官能察觉到食品的变质时，其细菌数为 $10^6 \sim 10^7$ 个/g、个/mL 或个/cm^2，见表 10-1。从表中可以看到食品变质反映与细菌数量的增多有一定联系。细菌难以生长的干制品和冷冻食品，它们的含菌数多少就可作为评定卫生质量的一项重要依据。同时细菌数越多，就应考虑到污染病原菌的可能性越大，但尚需配合大肠菌群及其他项目的检验而后进行判断。

表 10-1　几种食品变质（能被人的感官察觉）时的细菌数

食品种类	细菌数	
	（个/g 或个/mL）	（个/cm²）
鸡肉	10^8	$10^6 \sim 10^7$，10^5（极少）
牛肉（生）	10^8	$10^{6.3} \sim 10^8$，10^6（酵母）
腊肠	—	$10^8 \sim 10^{8.5}$
鱼	$10^{6.5} \sim 10^{6.6}$	$10^6 \sim 10^{8.5}$
蟹肉	10^8	—
贝	10^7	—
牡蛎	$10^4 \sim 10^{5.7}$	—
鲜蛋液	10^7	—
冰蛋	10	—
豆腐	$10^5 \sim 10^6$（pH 值为 5.5 以下）	—
鲜牛乳	$10^6 \sim 10^7$	—
米饭	$10^7 \sim 10^8$	—

检测细菌总数应特别注意样品稀释时的充分均匀分散，以及不同温度类型细菌应采取适宜的培养温度和培养时间（表 10-2），才能比较正确地反映出食品的卫生质量。

表 10-2　食品卫生检验细菌总数采用的培养温度和时间

培养细菌温度类型	培养温度（℃）	培养时间
嗜温菌	30~37 20~25	（48±3）h 5~7d
嗜冷菌	5~10	10~14d
嗜热菌	45~55	2~3d

（二）大肠菌群

大肠杆菌是存在于人和动物的肠道内数量很大的常见细菌，来自粪便以外的极为罕见。若在肠道以外的环境中发现，就可以认为这是由于人或动物的粪便污染所造成的。因此很早以前就把大肠杆菌作为水源污染粪便的指标菌。大肠菌群包括大肠杆菌、产气肠杆菌和一些中间类型的细菌，它们都为 G^- 短杆菌，需氧或兼性厌氧生长，能分解乳糖而产酸产气，有人研究人粪便中的大肠菌群每克含有 $10^8 \sim 10^9$ 个，若水中有大肠菌群即可证实已被粪便污染，有粪便污染就有可能有肠道致病菌存在，所以认为饮用含有大肠菌群的水是不安全的。有粪便污染即使无病原菌存在，但只要有粪便污染的水和食品，人们总是认为不卫生的、厌恶的。大肠菌群数量的测定方法，通常用稀释平板法进行，以每 100mL（g）食品检样内大肠菌群存在的最可能数（MPN）表示。

（三）病原菌

食品卫生要求食品中不能有病原菌存在。这是食品卫生质量指标中非常重要的、不可缺少的标准。依靠检验来测知食品中病原菌的存在，虽然目前检验方法有多种，但其效果还不能令人十分满意。食品中的病原菌多种多样，还不能用一种或少数几种检验方法把多种病原菌全部检出，食品种类品种繁多，加工、贮藏等条件各异，在绝大多数情况下，污染食品的病原菌的数量一般是不多的。采用一般常规检验方法判断食品有无病原菌存在是比较困难的。因此，检验病原菌时，不可能将所有的病原菌都进行检验，只能根据不同食品的特点和可能污染的病原菌来选定一定的病原菌作为检验的重点对象。例如，蛋粉、冷冻禽、肉类食品等必须做沙门氏菌检验；酸度不高的罐藏食品，必须检验肉毒梭菌；发生食物中毒时或某种传染病流行的疫区就有必要、有重点地对食品进行有关病原菌的检查，如沙门氏菌、志贺氏菌、变形杆菌、副溶血性弧菌、葡萄球菌等的检查。此外，有些病原菌能产生毒素，所以毒素的检查也是一项不容忽视的指标。一般用动物实验法进行测定其最小致死量、半致死量等指标。一些食品卫生质量的微生物标准见表10-3。

表 10-3　一些食品卫生质量的微生物标准

食品类	细菌总数（个/g 或个/mL）	大肠菌群（个/100mL 或个/100g）	病原菌
灌肠类	出厂≤30 000 销售≤50 000	≤40 ≤150	不得检出 不得检出
酱卤肉类	出厂≤30 000 销售≤80 000	≤70 ≤150	不得检出 不得检出
鲜奶	≤5×10⁵		不得检出
鱼类	≤10 000		不得检出
消毒奶	≤30 000	≤40	不得检出
全脂奶粉	≤50 000	≤40	不得检出

（续表）

食品类	细菌总数（个/g 或个/mL）	大肠菌群（个/100mL 或个/100g）	病原菌
酸牛奶		≤90	不得检出
奶油	≤50 000	≤30	不得检出
淡炼乳	不得检出任何细菌		
甜炼乳	≤30 000	≤40	不得检出
全蛋粉	≤50 000	≤110	不得检出
酱油	≤50 000	≤30	不得检出
食醋	≤5 000	≤3	不得检出
瓶装汽水	≤100	≤6	不得检出
果汁水果味汽水	≤100	≤6	不得检出
食用冰块	≤100	≤6	不得检出
仅含淀粉或果类冷冻食品	≤3 000	≤100	不得检出
含豆冷冻食品	≤30 000	≤450	不得检出
含乳10%以下冷冻食品	≤10 000	≤250	不得检出
含乳10%以上冷冻食品	≤30 000	≤450	不得检出
糕点	出厂 750 销售 1 000	≤30 ≤30	不得检出 不得检出

（四）其他细菌作为卫生质量指标

为了及时能控制耐热细菌的出现，有必要对原料和半成品进行以下几项检测：嗜热需氧芽孢菌数；平酸芽孢菌数；嗜热厌氧芽孢菌数；嗜温需氧芽孢菌数；嗜温厌氧芽孢菌数；产硫化物芽孢菌数等。这些项目常被选用于淀粉、糖液、砂糖、蜂蜜、生鲜乳、脱水蔬菜、冰蛋品、罐藏食品以及一些动植物食品的原料等，也作为评定卫生质量的一项指标。

（五）霉菌和酵母菌作为食品卫生质量的指标

用于检测一些高酸性的、含水分低的或含有高盐或高糖的食品变质。

（六）食品卫生质量的化学指标

微生物的代谢作用，可引起食品化学组成的变化，并产生多种腐败性产物。因此，直接测定腐败性物质，可作为判断卫生质量的依据，腐败产物有挥发性胺类，如氨、二甲胺、三甲胺等；不挥发性胺类，如组胺；有机酸类，如甲酸、乙酸、乳酸等；含羰化合物如醛酮；含硫化合物如硫化氢等。一般含有氨基酸、蛋白质一类含氮多的食品，如鱼、虾、贝及肉类，在需氧性变质腐败时，则测定挥发性盐基氮的含量多少作为一项化学指标。

1. 挥发性盐基氮的测定

常用于鉴别鱼、虾、贝等水产的新鲜度，挥发性盐基氮的含量以每100g 食品含多少 mg 数表示。不同水产品、不同贮藏条件和不同腐败微生物其盐基氮含量标准也不完全相同，如低温有氧条件下鱼类含挥发性盐基氮30mg/100g 为变质的标志。

2. pH 值或酸碱度的测定

食品 pH 值的变化，可因微生物的作用或食品原料本身的消化作用而使pH 值下降，也可由微生物的作用所产生的氨而使 pH 值上升。

参考文献

陈仪本，欧阳友生，黄小荣，等，2001. 工业杀菌剂［M］. 北京：化学工业出版社.

沈萍，陈向东，2016. 微生物学［M］. 第 8 版. 北京：高等教育出版社.

吴金鹏，1992. 食品微生物学［M］. 北京：农业出版社.

吴文礼，2002. 食品微生物学进展［M］. 北京：中国农业科学技术出版社.

吴文礼，陈汉清，卢宪，等，1989. 用金针菇研制的健康饮料——金菇露［C］//江苏省对外科技交流中心，国际食用菌学会. 国际食用菌生物技术学术讨论会论文集（中文版）. 南京：江苏省对外科技交流中心国际食用菌生物技术学术讨论会学术委员会.

吴文礼，卢宪，陈汉清，等，1993. 以金针菇固体培养物制成营养液的工艺［M］// 高卢麟. 当代中国发明. 沈阳：辽宁科学技术出版社.

无锡轻工学院，天津轻工学院，2008. 食品微生物学［M］. 北京：中国轻工业出版社.

杨洁彬，李淑高，张篯，等，1995. 食品微生物学［M］. 第 2 版. 北京：北京农业大学出版社.

殷尉申，1991. 食品微生物学［M］. 北京：中国财政经济出版社.

张文治，1995. 新编食品微生物学［M］. 北京：中国轻工业出版社.

周德庆，2011. 微生物学教程［M］. 北京：高等教育出版社.